Introduction
to React

React 导学

[美] Cory Gackenheimer   著

张铮铮   译

U0315288

人民邮电出版社

北 京

图书在版编目（CIP）数据

React导学 / （美）盖肯海默（Gackenheimer，C.）著；
张铮铮译. -- 北京：人民邮电出版社，2016.6（2016.10 重印）
ISBN 978-7-115-41943-9

Ⅰ．①R… Ⅱ．①盖… ②张… Ⅲ．①移动终端—应用
程序—程序设计 Ⅳ．①TN929.53

中国版本图书馆CIP数据核字（2016）第085042号

版权声明

◆ 著　　　　　　[美] Cory Gackenheimer
　 译　　　　　　　　张铮铮
　 责任编辑　　　陈冀康
　 责任印制　　　焦志炜

◆ 人民邮电出版社出版发行　　北京市丰台区成寿寺路 11 号
　 邮编　100164　电子邮件　315@ptpress.com.cn
　 网址　http://www.ptpress.com.cn
　 北京京华虎彩印刷有限公司印刷

◆ 开本：800×1000　1/16
　 印张：12
　 字数：258 千字　　　　　　　2016 年 6 月第 1 版
　 印数：2 500 – 3 300 册　　　　2016 年 10 月北京第 2 次印刷

著作权合同登记号　图字：01-2016-0776 号

定价：39.00 元

读者服务热线：(010)81055410　印装质量热线：(010)81055316
反盗版热线：(010)81055315

内容提要

React 是一种 JavaScript 框架，起源于 Facebook 公司，用于构建复杂且可维护的用户界面。

本书是介绍 React 的快速实践指南。全书共 6 章，系统地概括了有关 React 的方方面面，详细介绍了 React 的概念、核心、JSX 原理、网页应用的构建、程序架构、Flux 的用法等内容。

本书适合对 React 感兴趣的读者以及想要使用 React 进行前端开发的读者阅读参考。

作者简介

Cory Gackenheimer 是来自美国中西部的软件工程师。他曾在普渡大学学习物理学，并使用超高频示波器的图像分析软件进行图像分析。他的软件经验使他能广泛地利用各种技术，包括 JavaScript。他还是 jQuery Mobile 团队的成员，并经常贡献开源项目。工作之余，他喜欢从事基于 Node.js 的项目，并将 React 吸收到其项目中。

技术审阅者简介

Akshat Paul 是一名开发者，也是《RubyMotion iOS Development Essentials》一书的作者。他在移动和 Web 开发领域经验丰富，并且多年来已经为许多企业和客户交付了应用程序。

另外，Akshat 还经常在各种技术研讨会上演讲。他曾在 RubyConfIndia 和布鲁塞尔的#Inspect-RubyMotion 会议上做了发言，还作为主讲人参加了曼谷和吉隆坡的 Technology Leadership 活动。除了编写代码，Akshat 也会花时间陪伴家人。他喜欢读书，且着迷于健康饮食。

致谢

    没有 Louise Corrigan 这位令人惊叹的编辑的邀请就不会有本书，他让我再写一本书的热情真是无法抗拒。我还必须感谢我的家庭，他们容忍我把本该属于他们的时间花费到研究、编写代码和撰写本书上。没有他们的包容，我就没法完成本书。最后谢谢广大读者，你们对于 React 的兴趣让你从这里开启 React 之旅。祝你愉快！

目　　录

第 1 章

什么是 React

它让我有幸见识到了那些备受推崇的不因循守旧者们骨子里的固执。

——爱因斯坦

也许在拿到本书的时候，你已经有了一些 JavaScript 知识。很有可能你大概知道 React 是什么。本章突出 React 作为框架这一层面的关键问题，阐释它所解决的问题，并描述如何利用这些特性以及本书其他信息来改善网页开发实践，创建复杂且可维护的用户界面。

1.1　定义 React

React 是一个 JavaScript 框架。它起初是由 Facebook 的工程师创建，用于解决在开发数据随时间而变的复杂用户界面时的困难。这不是件简单的事，它不仅必须是可维护的，还得是可伸缩的以便服务于 Facebook 这样的规模。React 实际上诞生于 Facebook 的广告组织，他们那儿一直在使用传统客户端的模型-视图-控制器（Model-View-Controller）方法。这些应用程序通常由双向数据绑定（two-way data binding）和渲染模板组成。React 改变了创建这些应用程序的方式，在 Web 开发中取得了一些大胆的进步。在 2013 年 React 刚发布时，Web 开发社区对其所作所为既有兴趣又似乎感到厌恶。

随着通览全书你会发现，React 挑战了实际上已成为标准的 JavaScript 框架最佳实践。为此，React 引入许多新范式，并改变现状以创建可伸缩和可维护的 JavaScript 应用程序和用户界面。伴随着前端开发思路的转换，React 自带一系列丰富的特性，使得各种技能水平（从刚接触 JavaScript 到具有丰富 Web 开发经验）的开发者都可以创建单页面（single-page）应用程序或友好的用户界面。阅读本书，你会看到这些特性（比如虚拟 DOM、JSX 和 Flux 等概念），并了解它们是如何被用于创建复杂用户界面。

简单来说，你还将看到 Facebook 是如何使用 React Native 持续不断地挑战开发界的。React Native 是一个新的开源库，它利用与 React 的 JavaScript 库相同的原理来创建原生用户界面。通过创建 Native UI 库，React 已经推出了其价值主张——"一次学习，随处可用"。这一模式转变也适用于利用 React 的核心概念做出可维护界面。到目前为止，你可能认为用 React 进行开发时没有什么是它无法做的。但情况并非如此，为了更进一步地了解 React 是什么，你需要先了解 React 不是什么，在本章稍后的部分你会学到。首先，你会理解导致 React 被创造出来的根本问题，以及 React 如何解决这些问题。

1.2　为什么是 React

如前所述，React 与常规的 Web 开发是不同的概念，是对公认的工作流和最佳实践的一个转变。为什么 Facebook 要躲开这种趋势，转而创建一种全新的 Web 开发过程呢？挑战公认的最佳实践是草率行事吗？还是说创建 React 有普遍的商业理由？

如果看看 React 背后的思考，你将会明白创建它是为了满足 Facebook 面临的一系列特殊技术挑战所产生的特殊需求。这些挑战并非 Facebook 独有，但 Facebook 所做的是立即用一种方法来解决问题，以应对这些挑战。可想而知，这与 Eric Raymond 在他的书（*The Art of Unix Programming*[1]）中总结的 UNIX 哲学类似。书中，Raymond 写了下面这段关于模块化的规则。

要编写复杂软件又不至于一败涂地，唯一的方法就是用定义清晰的接口把若干简单模块组合起来，如此一来，多数问题只会出现在局部，那么还有希望对局部进行改进或优化，而不至于牵动全身。

这恰好就是 React 用来解决复杂的用户界面所需要的方法。在开发 React 时，Facebook 没有创建完全的模型-视图-控制器架构来代替现有框架。没必要去重新发明特殊的轮子和增加创建大规模用户界面问题的复杂性。创建 React 是用来解决奇异问题的。

构建 React 是为了处理用户界面中显示的数据。你可能认为用户界面中显示数据的问题已被解决，你这么想也不算错。不同的是 React 服务于大规模用户界面（Facebook 和 Instagram 规模的界面）中随时间而变的数据。这种界面可以被 React 以外的现有工具创建和解决。事实上，Facebook 在创建 React 前一定已经解决了这些问题。但 Facebook 还是创建了 React，因为它已经有正当的理由，并发现 React 可以被用于解决构建复杂用户界面时遇到的特殊问题。

---

[1] 中文版为《UNIX 编程艺术》。（本书所有脚注均为译者所加。）

1.3　React 解决什么问题

React 不能解决在用户界面设计和前端开发中所遇到的所有问题。React 只解决一系列特殊的问题，简而言之，就是单个问题。正如 Facebook 和 Instagram 所阐明的，React 用于构建数据随时间而变的大规模用户界面。

数据随时间而变的大规模用户界面或许与许多 Web 开发者的工作和业余编码经历都有关联。在现代 Web 开发世界中，你通常会把用户界面的大部分责任转移给浏览器以及 HTML、CSS 和 JavaScript。这类应用程序通常被称为单页面应用程序，常见的请求/响应服务器只能有限地展示浏览器的性能。这是自然的，既然大部分的浏览器都能做复杂的布局和交互，为什么你不这样做呢？

到了周末，项目代码不再是可维护的，问题就来了。你不得不附加额外的代码段，将数据恰当地绑定。有时你不得不重建应用程序，因为接下来的业务需求已经在用户开始一项任务后，不经意地破坏了界面渲染一些交互的方式。这一切导致用户界面脆弱，高度相连，以及不易维护。React 尝试解决所有这些问题。

以你之前看到所提及的客户端模型-视图-控制器架构与模板里的双向数据绑定为例。该应用程序必须包含监听模型的视图，然后视图基于用户交互或模型改变独立地更新它们的表现。在基础应用程序中，这不是一个明显的性能瓶颈，或者更重要的，对开发者的生产力而言，这不是一个明显的瓶颈。该应用程序的规模将不可避免地增长，因为新模型和视图会被加入应用程序。所有的连接都是通过微妙而杂乱的代码，它们可以指明每个视图及其模型的关系，且很快会变得越来越复杂。在渲染链或遥远的模型深处的某一项正影响着其他项的输出。在大多数情况下所发生的更新可能并不会被开发者所知，因为维护跟踪机制变得逐渐困难。它会让开发和测试代码更为困难，这意味着开发一个方法或新特性并发布它变得更难。如此一来，代码缺乏可预见性，开发时间也飞速猛涨，这正是 React 需着手解决的问题。

　　首先，React 是一个思想实验。Facebook 认为他们已经写了最初的布局代码来描述应用程序可以也应该看起来像什么，所以为什么不在数据或状态改变应用程序的时候再跑一下启动代码呢？你可能会立刻有些退缩，因为你知道这意味着它们会牺牲性能和用户体验。当你完全替换浏览器中的代码时，你将看到屏幕闪烁和无样式内容出现的一瞬间，这只是显得效率低下。Facebook 知道这一点，而且注意到他们所创建的（在数据改变时代替状态的机制）实际上在某种程度上是有作用的。然后 Facebook 决定，只要替换机制可以被优化，那就有解决方案了。这就是 React 如何因为一组特定问题的解决方案而诞生的。

1.4　React 不只是另一个框架

　　大多数情况下，你要学某样东西，首先需要认识到你要学的是什么。就 React 来说，了解哪些概念不属于 React 框架是有帮助的。这将有助于你理解你所学的哪些标准实践需要忘掉，或者至少需要放一边，以彻底理解新框架的概念，比如 React。那么是什么使 React 与众不同，以及为什么它如此重要呢？

　　许多人认为，React 相比于其他框架是同等级的完整 JavaScript 框架，比如 Backbone、Knockout.js、AngularJS、Ember、CanJS 和 Dojo，或大多数其他现有 MVC 框架。图 1-1 显示了经典 MVC 框架的示例。

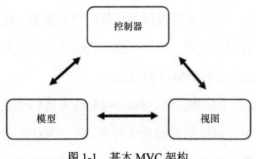

图 1-1 基本 MVC 架构

图 1-1 展示了模型-视图-控制器架构中每个组件的基本要素。模型处理应用程序的状态，并将状态改变事件发送给视图。视图是面向用户的外观和对终端用户的交互界面。视图可以将事件发送给控制器，有时候也发送给模型。控制器是事件主要的分派器，事件会被发送给模型，以更新状态，然后视图来更新表现。你可能会注意到这是一个常见的 MVC 架构的代表，在实际中有很多变体和定制化实现，因此不存在单一的 MVC 架构。这里不是声明 MVC 架构看起来像什么，而是指出 React 不是什么。

用这种 MVC 架构来评价 React 是什么或想成为什么，实际上不公平。这是因为 React 是那些现有框架中的特例。React 处于其最简形式，仅为 MVC、MVVM 或者 MV*框架中的视图。如你在之前所见，React 是一种描述应用程序用户界面的方法，是一种在数据发生变化时随时更改用户界面的机制。React 由描述界面的声明性组件组成。在构建应用程序时，React 没有使用可观察的数据绑定。React 也是易于维护的，因为你可以用你创造的组件，并组合它们，在任何你期望的时候自定义组件，因为它可以扩展。促使 React 出现的那些理由，使得 React 可以比其他框架更好地扩展。在创建 React 界

6

面时，你是以由多组件建立起来的方式构建它们的。

让我暂停一下，来检验几个框架最基础的结构，以便突出它们与 React 的差异。对每个框架，你都将用最基础的备忘录（to-do list）应用程序检验，正如网站 http://todomvc.com 上创建的。我不是要否定其他框架，因为它们都是为某个目的服务的。相反地，我试图展示相比于其他的框架，React 是如何被构建的。我在这将仅列出重要的部分，以突出和限定一个应用程序的完整重现。如果你想看完整示例，链接中含有资源。不要过于集中在这些示例的实现细节上，包括 React 示例，因为本书后面会详细讲解这些概念，这些概念将帮助你完全理解是怎么回事。

1.4.1 Ember.js

Ember.js 是流行框架，它是由句柄模板（handlebar template）形式的视图所组成的 MVC 框架。在这一段，应注意，为了便于集成模板、模型和控制器，有一点工作要做。这不是说 Ember.js 是个不好的框架，因为修改是这种框架的副产品。

清单 1-1 中是 TodoMVC 的 Ember.js 示例的主体，你会看到标签由两个句柄模板（todo-list 和 to-dos）组成。

清单 1-1 使用 Ember.js 的 TodoMVC 主体

```
<body>
  <script type="text/x-handlebars" data-template-name="todo-list">
    /* Handlebars todo-list template */
  </script>
  <script type="text/x-handlebars" data-template-name="todos">
    /* Handlebars todos template */
```

```
</script>
<script src="node_modules/todomvc-common/base.js"></script>
<script src="node_modules/jquery/dist/jquery.js"></script>
<script src="node_modules/handlebars/dist/handlebars.js"></script>
<script src="node_modules/components-ember/ember.js"></script>
<script src="node_modules/ember-data/ember-data.js"></script>
<script src=" node_modules/ember-localstorage-adapter/localstorage_
        adapter.js"></script>
<script src="js/app.js"></script>
<script src="js/router.js"></script>
<script src="js/models/todo.js"></script>
<script src="js/controllers/todos_controller.js"></script>
<script src="js/controllers/todos_list_controller.js"></script>
<script src="js/controllers/todo_controller.js"></script>
<script src="js/views/todo_input_component.js"></script>
<script src="js/helpers/pluralize.js"></script>
</body>
```

　　接着还有三个控制器，即 **app.js** 入口、路由器以及 todo 输入视图组件。看起来好像有很多文件，但在产品环境中，都会被压缩起来。注意控制器和视图的分离，包括清单 1-2 中显示的备忘录列表视图在内的视图都非常详细并且易于确定代码的功能。

　　清单 1-2　Ember.js 的句柄模板

```
{{#if length}}
  <section id="main">
    {{#if canToggle}}
      {{input type="checkbox" id="toggle-all" checked=allTodos.allAreDone}}
```

```
{{/if}}
<ul id="todo-list">
  {{#each}}
    <li {{bind-attr class="isCompleted:completed isEditing:editng"}}>
      {{#if isEditing}}
        {{todo-input
            type="text"
            class="edit"
            value=bufferedTitle
            focus-out="doneEditing"
            insert-newline="doneEditing"
            escape-press="cancelEditing"}}
      {{else}}
        {{input type="checkbox" class="toggle" checked=isCompleted}}
        <label {{action "editTodo" on="doubleClick"}}>{{title}}</label>
        <button {{action "removeTodo"}} class="destroy"></button>
      {{/if}}
    </li>
  {{/each}}
</ul>
</section>
{{/if}}
```

这是个清楚的例子，是个可读的视图。正如你所期望的，控制器规定了各自的属性。该控制器在 **router.js** 文件中命名，所用的视图也由该文件命名。清单 1-3 中显示了该控制器。

清单 1-3 Ember.js 的 TodosListController

```
(function () {
```

```
'use strict';

Todos.TodosListController = Ember.ArrayController.extend({
        needs: ['todos'],
        allTodos: Ember.computed.alias('controllers.todos'),
        itemController: 'todo',
        canToggle: function () {
                var anyTodos = this.get('allTodos.length');
                var isEditing = this.isAny('isEditing');

                return anyTodos && !isEditing;
        }.property('allTodos.length', '@each.isEditing')
});
})();
```

你可以看到，该 TodosListController 采用了备忘录的模式，然后随着名为"todo"的 itemController 添加了一些属性。该 todo 控制器实际上就是大部分指明动作和你在之前所见的视图中可见条件的 JavaScript 所在之处。作为熟悉 Ember.js 的人，这对于 Ember.js 可以做什么是个很好的定义和组织示例。你很快就会知道，无论如何，它与 React 都是迥异的。首先，让我们看一下 AngularJS 的 TodoMVC 示例。

1.4.2 AngularJS

AngularJS 也许是世界上最流行的 MV*框架。它上手极其简单，背后有谷歌支持，还有大量的开发者创造了很好的教程、书籍和博客文章。当然，它不同于 React 的框架，你将很快看到这一点。清单 1-4 展示了 AngularJS 的 TodoMVC 应用程序。

清单 1-4 AngularJS 主体

```
<body ng-app="todomvc">
  <ng-view />
    <script type="text/ng-template" id="todomvc-index.html">
      <section id="todoapp">
        <header id="header">
          <h1>todos</h1>
            <form id="todo-form" ng-submit="addTodo()">
              <input
                id="new-todo"
                placeholder="What needs to be done?"
                ng-model="newTodo"
                ng-disabled="saving" autofocus
              >
            </form>
        </header>
        <section id="main" ng-show="todos.length" ng-cloak>
          <input id="toggle-all" type="checkbox" ng-model="allChecked"
          ng-click="markAll(allChecked)">

        <label for="toggle-all">Mark all as complete</label>
        <ul id="todo-list">
          <li ng-repeat="todo in todos | filter:statusFilter track by $index"
            ng-class="{
                completed: todo.completed,
                editing: todo == editedTodo}"

          >
```

```
        <div class="view">
          <input class="toggle" type="checkbox" ng-model="todo.completed"
          ng-change="toggleCompleted(todo)">
          <label ng-dblclick="editTodo(todo)">{{todo.title}}</label>
          <button class="destroy" ng-click="removeTodo(todo)"></button>
        </div>
        <form ng-submit="saveEdits(todo, 'submit')">
          <input class="edit" ng-trim="false" ng-model="todo.title"
          todo-escape="revertEdits(todo)" ng-blur="saveEdits(todo, 'blur')"
          todo-focus="todo == editedTodo">
        </form>
        </li>
      </ul>
    </section>
    <footer id="footer" ng-show="todos.length" ng-cloak>
        /* footer template */
    </footer>
  </section>
</script>
<script src="node_modules/todomvc-common/base.js"></script>
<script src="node_modules/angular/angular.js"></script>
<script src="node_modules/angular-route/angular-route.js"></script>
<script src="js/app.js"></script>
<script src="js/controllers/todoCtrl.js"></script>
<script src="js/services/todoStorage.js"></script>
<script src="js/directives/todoFocus.js"></script>
<script src="js/directives/todoEscape.js"></script>
</body>
```

你可以看到，和之前的 Ember.js 相比，Angular 的模板在本质上是更其声明性的。你还可以在该应用程序中看到诸如控制器（controller）、指令（directive）和服务（service）的概念。**todoCtrl** 文件里有控制器用来操纵该视图的数值。清单 1-5 中的示例，只是该文件的一小段，但你可以看到它如何运作。

清单 1-5　AngularJS 的备忘录控制器

```
angular.module('todomvc')
  .controller('TodoCtrl', function TodoCtrl($scope, $routeParams, $filter,
  store) {
  /* omitted */
  $scope.addTodo = function () {
    var newTodo = {
      title: $scope.newTodo.trim(),
      completed: false
    };

    if (!newTodo.title) {
      return;
    }


    $scope.saving = true;
      store.insert(newTodo)
       .then(function success() {
        $scope.newTodo = '';
      })
      .finally(function () {
      $scope.saving = false;
      });
```

```
  };
  /* omitted */


});
```

该示例展示了 **todoCtrl** 及其如何构建**$scope** 机制以让你添加方法和属性到你的 AngularJS 视图中。下一段研究 React，解释它是如何以不同于 Ember.js 和 AngularJS 的方式作用于用户界面的。

1.4.3　React

正如你在其他示例中所见到的，TodoMVC 应用程序中有一种基本结构，让这些示例更易于演示其差异性。我认为 Ember.js 和 AngularJS 这两个流行的框架有助于证明 React 不是个 MV*框架，它只是用于构建用户界面的基本 JavaScript 框架。这段 React 示例的细节显示了怎样从组件层级构建 React 应用，然后反过来解释组件是如何组成的。最后，许多页组成了这本关于 React 的书，最终你会在清单 1-6 中看到 React 的代码。

> 注意：所提供的代码是运行在服务器上的，可以用 Python 中的 SimpleHTTP Server、Apache 服务器，或者任何你习惯用的。如果都不行，你可以为浏览器提供 HTML 文件，但你需要确保文件是本地相关的，并能够在你的浏览器获取到。

清单 1-6　React 备忘录应用的基本 HTML

```
<!-- some lines removed for brevity -->
<body>
```

```
<section id="todoapp"></section>

<script src="react.js"></script>
<script src="JSXTransformer.js"></script>
<script src="js/utils.js"></script>
<script src="js/todoModel.js"></script>
<script type="text/jsx" src="js/todoItem.jsx"></script>
<script type="text/jsx" src="js/footer.jsx"></script>
<script type="text/jsx" src="js/app.jsx"></script>
</body>
```

在清单 1-6 中，你可以看到 React 的 **todoMVC** 应用程序的基本主体。注意这一段及其 **id** 属性。比较 AngularJS 和 Ember.js 示例的主体就会注意到，对这类应用而言，script 标签的数量和需要处理的文件少多了。有人会说按照文件数量不是公平的比较，因为理论上来说你可以在构建 AngularJS 应用程序时，在每个文件中包含不止一个控制器，或以类似的方式限制 script 元素的数量。从这一点来看，由于创造组件的方式，React 看起来是自然而然地分成这些类型的结构。这不是说 React 肯定更好，抑或更简明，但 React 创建组件的创建机制至少看起来更简明。

这段会以放置 React 被渲染的组件为目标。所包含的脚本是 React 库和 JSX 变换器文件。之后的两项是被并入每个 **todoMVC** 应用程序的数据模型和工具。下面那些项是三个 JSX 文件，它们组成了整个应用程序。应用程序由文件 **app.jsx** 中所包含的组件开始渲染，在清单 1-7 中会有示例。

清单 1-7　app.jsx 的渲染函数

```
var model = new app.TodoModel('react-todos');

function render() {
```

15

```
React.render(
    <TodoApp model={model}/>,
    document.getElementById('todoapp')
);
}

model.subscribe(render);
render();
```

清单 1-7 显示了 React 视图有趣的工作方式。在本书的后面，你会学到这是如何被实现的，但示例中加粗的部分是基础。首先，你可以看到一个类似 HTML 或 XML 的元素 `<TodoApp model={model}/>`。这是 JSX，或者叫 JavaScript XML 对译器（transpiler）[1]，它被集成在 React 中。JSX 不是 React 所必需的工具，但它可使创作应用程序更容易。它不仅使书写 React 应用程序变得更为容易，而且使你在读代码以及更新它们时的语法更清晰。之前的 JavaScript 转换为 JSX 的函数如下：

```
React.createElement(TodoApp, {model: model});
```

这是目前为止要注意到的有趣之处，你会在第 3 章读到更多关于 JSX 以及它是如何转换的。

从该示例可以看出，你可以创建一个组件，然后通过对 DOM 中的元素命名，而将其附到你想将其作为渲染方法第二个参数的 DOM 上。这个被命名的元素在之前的例子中是 `document.getElement ById('todoapp')`。在之后的一些示例中，你会看到 `TodoApp` 组件如何被创建，并获悉表现 React 组件是如何组成的基本思想，本书后面会详细涵盖所有这些内容。

---

[1] 由 trans 与 compiler 合成而来，也译作转译器。

```
var TodoApp = React.createClass({
    /* several methods omitted for brevity */
    render: function() {
        /* see next example */
    }
});
```

在该示例中，你可以看到一些构成 **TodoApp** 组件的核心概念。首先，使用函数 **React.createClass()** 创建它。该函数接受一个对象。**createClass** 方法将在下一章中深入介绍，还有如何使用 ES6 的类创造这样的组件。在 **TodoMVC** 应用程序中，该对象有几种方法，但在该示例中强调渲染方法是很重要的，对于所有 React 组件它是必需的。你可以在清单 1-8 中更仔细地检视它们。这是一种代码量很大的方法，因为 React 做的事情很大一部分用这种方法处理，所以读完它需要有耐心。

清单 1-8　TodoMVC 的 React 渲染方法

```
render: function() {
  var footer;
  var main;
  var todos = this.props.model.todos;

  var showTodos = todos.filter(function (todo) {
    switch (this.state.nowShowing) {
    case app.ACTIVE_TODOS:
      return !todo.completed;
    case app.COMPLETED_TODOS:
      return todo.completed;
```

```
      default:
        return true;
    }, this);


    var todoItems = shownTodos.map(function (todo) {
      return (
        <TodoItem
          key={todo.id}
          todo={todo}
          onToggle={this.toggle.bind(this, todo)}
          onDestroy={this.destroy.bind(this, todo)}
          onEdit={this.edit.bind(this, todo)}
          editing={this.stat.editing === todo.id}
          onSave={this.save.bind(this, todo)}
          onCancel={this.cancel}
        />
      );
    }, this);


    var activeTodoCount = todos.reduce(function (accum, todo) {
      return todo.completed ? accum : accum + 1;
    }, 0);


    var completedCount = todos.length - activeTodoCount;


    if (activeTodoCount || completedCount) {
      footer =
        <TodoFooter
```

```
        count={activeTodoCount}

        completedCount={completedCount}

      nowShowing={this.state.nowShowing}

      onClearCompleted={this.clearCompleted}

      />;

}
    if (todos.length) {

    main = (

        <section id="main">

          <input

            id="toggle-all"

            type="checkbox"

            onChange={this.toggleAll}

            checked={activeTodoCount === 0}

          />

        <ul id="todo-list">

          {todoItems}

        </ul>

      );

    }


    return (

      <div>

        <header id="header">

          <h1>todos</h1>

          <input

            ref="newField"

            id="new-todo"
```

```
            placeholder="What needs to be done?"
            onKeyDown={this.handleNewTodoKeyDown}
            autoFocus={true}
          />
        </header>
        {main}
        {footer}
      </div>
    );
  }
```

　　如你所见，有许多东西要解释，但我希望你也能从发展的角度看到它是多么简单和多么具有声明性。它显示了 React 是如何比其他框架更具声明性的，包括 AngularJS 的例子。在你的应用被渲染时，这种声明性的方法精准地显示了你将在你的页面上看到的。

　　在前文中你已见过组件<TodoApp model={model}>了。该组件在 app.jsx 文件的末尾的渲染函数中作为主要组件。在刚刚的示例中，我加粗了代码中的关键点。首先，注意在 TodoApp 的开头，model={model}被传入函数，然后作为 this.props.model.todos 被处理。这是 React 声明性本质的一部分。你可以在组件中声明属性，并在你的组件中的方法里使用 this.props 对象中的它们。

　　下面是子组件（subcomponent）的概念。创建变量 todoItems 是为了引入另一个叫作<TodoItem/>的 React 组件。TodoItem 是另一个 React 组件，是在它所在的 JSX 文件中被创建的。TodoItem 组件具体描述特定 TodoItems 的行为，并且它可以在 TodoApp 组件中作为被命名的元素，这是一个极为强大的概念。随着你使用 React 建立越来越复杂的应用程序，你会发现恰好知道你需要改变的组件，并且它是自包含的（self-contained），这将会在你应用程序的稳定性上给予你很大的信心。清单 1-9 是 **TodoItems** 中的渲染函数，及其整体上的组件。

清单 1-9   TodoItems 渲染方法

```
app.TodoItem = React.createClass({
/* omitted code for brevity */


  render: function () {
    return (
      <li className={React.addons.classSet({
          completed: this.props.todo.completed,
          editing: this.props.editing
      })}>
        <div className="view">
          <input
              className="toggle"
              type="checkbox"
              checked={this.props.todo.completed}
              onChange={this.props.onToggle}
          />
          <label onDoubleClick={this.handleEdit}>
              {this.props.todo.title}
          </label>
          <button className="destroy" onClick={this.props.onDestroy} />
        </div>
        <input
            ref="editField"
```

```
                className="edit"
                value={this.state.editText}
                onBlur={this.handleSubmit}
                onChange={this.handleChange}
                onKeyDown={this.handleKeyDown}
            />
        </li>
    );
  }
});
```

在该示例中,你可以看到 **TodoItem** 组件的渲染,它是 **TodoApp** 的子组件。它就是个操纵 **TodoApp** 中所包含的独立列表项的组件。它分裂成自己的组件,因为在应用程序中它代表它自己的一系列交互。除了可以操纵编辑,它也可以标记项目是否完成。这个功能并不一定需要知道应用程序的其余部分或与应用程序的其余部分交互,因此是作为独立组件被构建的。它本来可能仅是要简单地添加到 **TodoApp** 上的,但正如你将在后面所见的,在 React 的世界中,东西的模块化程度越高越好。这是因为通过利用该交互的逻辑独立性,未来的维护花费会得到补偿。

现在你在较高层面上明白了往往可以如何把交互包含在 React 应用程序的子组件中。**TodoApp** 渲染函数的代码显示了 **TodoItem** 作为子组件而存在,也显示了包含在 JSX 中的 **TodoFooter** 囊括它自己的交互。下一个重要概念集中在这些子组件如何被重组。**TodoItems** 被添加到另一个无序列表中,该列表被放在变量 main 里,它返回 **TodoApp** 的主要部分的 JSX 标签。类似地,footer 变量包含了 **TodoFooter** 组件。footer 和 main 这两个变量被添加在 **TodoApp** 的返回值里,你可以在示例的末尾看到它。JSX 通过使用花括号访问这些变量，你可以在下面看到它们：

```
{main}
{footer}
```

现在你有了 React 应用程序和组件是如何被构建的总体印象，虽然仅是基础概况。你可以通过访问 **todomvc.com**，将这些思想与 Ember.js 和 Angular 或任何其他框架所构建的相同应用程序的概况进行比较。React 作为框架是与众不同的，因为它就是利用 JavaScript 制作复杂用户界面的一种方式。这意味着声明性的组件可以包含所有交互，而不需要像其他框架那样通过直接观测来创建数据绑定。标签是，或至少可以是，利用嵌入的 XML 语法的 JSX 所生成的。最后，你可以把这一切放在一起创建自定义组件，比如单个`<Todo Appl>`。

1.5　React 的概念和术语

这一段重点讲解一些贯穿全书的关键术语和概念，它们会帮助你更清楚地理解之后的章节写了什么。你也会从工具箱获得能让你使用 React 立马变得顺手的工具和实用功能。第 2 章深入讲解许多 React 核心的概念和构建 React 应用程序和执行 React 插件和附件的进程。

1.5.1　React 入门

现在你已经对 React 有了大致的了解，知道它是什么以及为什么它很重要，更重要的是还要知道获取 React 并开始使用它。在 React 文档中，有链接连到可编程的 JSFiddle 演示，你可以播放它们。这些应该足以让你继续阅读和学习本书。

> 带 JSX 的 JSFiddle: http://jsfiddle.net/reactjs/69z2wepo/
>
> 不带 JSX 的 JSFiddle: http://jsfiddle.net/reactjs/5vjqabv3/

除了在浏览器中开发，还有个最易学习 React 的方式，就是访问 React 入门网站，单击 Download Starter Kit 的大按钮，如下所示。

Download Starter Kit 0.13.1

你当然可以获取源文件，然后将它用 script 标签放在你的应用程序中。但实际上，Facebook 在其 CDN 上托管了一份，链接可以在 React 的下载页面 https://facebook.github.io/react/ downloads.html 找到。当你将 React 放在 script 标签上时，变量 React 将是全局对象，只要页面加载 React 资源，你就可以访问它。

更常见的是，你会看到人们将 React 集成到他们用 Browserify 和 WebPack 工具搭建的工作流中。这样做可以让你以更符合 CommonJS 模块加载系统的方式做 require('React')[1]。开始这一过程，你需要通过 npm 安装 React:

```
npm install react
```

1.5.2　组件

组件是 React 的核心，也是你应用程序的视图。这是通过调用 React.createClass()所创建的典型，如下:

---

[1] 原文为 to require('React')。require 既为动词也为代码。

```
var MyClass = React.createClass({

    render: function() {
        return (
          <div>hello world</div>
        );
    }
});
```

或通过使用 ES6 的类，例如：

```
class MyClass extends React.Component {

    render() {
        return <div>hello world</div>;
    }
}
```

你将在下一章见到更多关于 React 组件的内容。

1.5.3 虚拟 DOM

也许 React 最重要的部分是虚拟 DOM 的概念。这是本章开头间接提到的，本章开头提到，每次遇到数据改变或用户与应用程序交互时，Facebook 都要重建界面。注意，虽然 Facebook 认识到尚不成熟的框架的性能并不是其性能标准，但仍然想让它在理想状态下工作。所以 Facebook 从伴随每次数据改变的一系列 DOM 的改变入手，以此改变框架，这就是所谓的调合（reconciliation）。Facebook 通过创建虚拟 DOM，在每次遇到更新时，计算更新应用程序的实际 DOM 所需的最小改变。你会在第 2 章进一步学到该过程。

1.5.4　JSX

之前已讲到，JSX 是转换 XML 语法的转换层，这是为了用 React 在 JavaScript 中渲染元素的语法编写 React 组件。这不是 React 必需的元素，但这肯定是最被重视的，并且可以更平滑地构建应用程序。该语法不仅可以接受自定义 React 类，还可以接受纯 HTML 标签。它将标签转换成适当的 React 元素，如下面的示例所示。

```
// JSX version

React.render(
    <div>
        <h1>Header</h1>
    </div>
);


// This would translate to

React.render(
    React.createElement('div', null,
        React.createElement('h1', null, 'Header')
    );
);
```

你会在第 3 章深入阅读 JSX 的概况时，看到这方面的所有细节。

1.5.5 属性

属性通常在 React 中用 **this.props** 引用，因为这是访问属性最频繁的方式。属性是组件的一系列选项。**this.props** 是 React 中的纯 JavaScript 对象。这些属性在组件的生命周期中自始至终都不会改变，所以你不应该把它们当作可改变的。如果你想改变组件中的东西，你会改变其状态，且应该利用状态对象。

1.5.6 状态

状态在每个组件初始化时设定，也会随着组件的生命周期而变。状态不应该从组件外部访问，除非父组件添加或设置了该组件的初始状态。不过总的来说，你仍应该尝试以尽可能小的状态对象制作你的组件。这是因为当你添加状态时，组件的复杂性也会增加，因为 React 组件不会根据状态随时间改变。如果可以避免，在组件内完全没有任何状态也是可以的。

1.5.7 Flux

Flux 是个与 React 密切相关的项目。理解其如何与 React 协作是很重要的。Flux 是 Facebook 的应用程序架构，用于让数据知道如何以一种有条理且有意义的方式与 React 组件交互。Flux 不是模型-视图-控制器架构，因为那些架构利用了双向（bi-directional）数据流。Flux 对于 React 是必不可少的，因为它有助于 React 组件以希望的方式使用这些组件。Flux 是通过创建单向（one-directional）数据流这样做的。数据流通过 FLux 架构的三个主要部分：分派器、存储器以及最终的 React 视图。这里不会深入探讨 Flux，但在第 5 章和第 6 章，你会看到 Flux 的整体介绍，然后学习将其集成到你的 React 应用程序中，这样对 React 的介绍就完整了。

1.5.8　工具

有几个工具可以让 React 开发更有趣。要访问 JSX 转换器，可以通过 npm 在命令行中安装它们，使用该命令：

```
npm install -g react-tools
```

这些实用工具和综合编辑器，大部分在 https://github.com/facebook /react/wiki/Complementary-Tools#jsx-integrations 中列出。你可能会找到你需要的工具。举个例子，如果你使用 Sublime Text 或 Vim 编辑 JavaScript，可使用代码高亮插件。

另外有一些对检查（lint）代码很有用的工具。为了检查你的文件，JSX 提供一些特别的检验，有个 jsxhint 项目是目前流行的 JSHint 提示工具的 JSX 版本。

随着开发的进行，你极有可能最后会需要在浏览器中检查你的 React 项目。目前有个 Chrome 插件可以在 https://chrome.google.com/webstore/ detail/react-developer-tools/fmkadmapgofadopljbjfkapdkoienihi 找到，它可以让你直接检查你的 React 组件。当你调试和优化你的 React 应用程序的时候，你可以获取关于属性、状态的重要信息和所有你需要的细节。

1.5.9　附件

Facebook 在 React.addons 对象中提供了一些实验性的 React 附件。在开发应用程序时，只能通过使用/react-with-addons.js 文件获取。另一个选择是，如果你通过 React 的 npm 包使用了 Browserify 或者 WebPack，你可以把你的 require('react') 改为 require('react/addons')。你可以在 React 的站

点 `https://facebook.github.io/react/docs/addons.html` 找到关于当前可用的附件的文件。

除了上述附件，还有几个社区附件，它们对 React 开发非常有用。这些附件的数量仍在增加，我们仅举一个有用附件的例子，是一个叫作 react-router 的项目，它为 React 应用程序提供了路由功能。

```
var App = React.createClass({
  getInitialState: function() {
  },
  render: function () {
    return (
      <div>
        <ul>
          <li><Link to="main">Demographics</Link></li>
          <li><Link to="profile">Profile</Link></li>
          <li><Link to="messages">Messages</Link></li>
        </ul>
        <UserSelect />
      </div>

      <RouteHandler name={this.state.name}/>
    </div>
    );
  }
});

var routes = (
  <Route name="main" path="/" handler={App}>
    <Route name="profile" handler={Profile}/>
```

```
    <Route name="messages" handler={Messages}/>
    <DefaultRoute handler={ Demographics }/>
  </Route>
);

Router.run(routes, function (Handler, state) {
  React.render(<Handler />, document.getElementById("content"));
});
```

这个例子展示了路由器如何处理菜单选择并将如何从路由器转至相应的组件。这是对 React 的有力延伸，没它也行，但有了它事情就简单了。React 社区庞大，发展迅速。你可能会遇到新的附件，在创建自己的 React 应用的过程中甚至可能会创建自己的附件。下一章你会见到 React 更多的核心内容，学到 React 是如何工作的，这将有助于你进一步掌握 React，进一步理解它为什么这么重要。

1.6　小结

本章介绍了使 Facebook 构建 React 的概念。你学到了 React 的概念通常被认为是从用户界面开发中的大众认可的最佳实践转换而来的。挑战现状和验证理论让 React 成为了针对构建用户界面的高性能和高可伸缩的 JavaScript 框架。

你还通过一些例子看到了 React 如何以新方式解决一些领先的模块-视图-控制器框架的视图部分。

最后，你对术语、概念和构成 React 框架的工具及其社区有了一定了解。在下一章中，你将深入了解如何使用 React 以及它的作用。

第 2 章

React 核心

在上一章中，你体会到了对于像你一样的开发者，React 是什么以及它为什么很重要。我们比较了 React 与其他框架，并突出了它们的不同。这有几个已讲过的概念，但并未涵盖一本介绍性书籍应该涉及的细节。本章将讲述深入构建 React 块（其核心结构和架构）。

在本章以及接下来的几章中，我们会为你呈现 React 代码，内容涵盖了从应用程序的示例到 React 的内部机制。对于组成库的 React 代码，你会注意到代码用标题说明标记了来自其源码的位置。示例代码至少以两种形式之一来写。一种形式（当今开发者普遍使用的）是 ECMAScript5 语法。在合适的情况下，你会看到使用 ECMAScript2015（ES6）语法的重复示例，该语法正随着 React 变得更流行，正被作为最高版本的标准引入 React。你会发现许多例子用了 JSX 语法，这会在第 3 章中深入讲解。

2.1 React

当我们开始观察 React，最好从 React 对象本身开始。React 对象包含几个方法和属性，可以让你充分利用 React 的潜能。章节的源码有很多都是可运行在 **jsfiddle.net** 或 **jsbin.com** 上的。那些示例的链接，可用的都被包含在清单标题中了。

2.1.1　React.createClass

createClass 方法会在 React 中创建新的组件类。**createClass** 可以传入对象来创建，但这必须要有 render()函数。你会在稍后的段落中获得更深入的关于组件的信息，不过基本的 **createClass** 的使用如下，其中 **specification** 是包含 render()方法的对象。

```
React.createClass( specification );
```

清单 2-1 展示了简单组件如何用 **createClass** 创建。该组件仅创建了 **div** 元素，然后为渲染 **div** 传入 name 属性。

清单 2-1　createClass 示例，在线版本在 https://jsfiddle.net/cgack/gmfxh6yr/

```
var MyComponent = React.createClass({
  render: function() {
    return (
      <div>
        {this.props.name}
      </div>
    );
  }
});


React.render(<MyComponent name="frodo" />, document.getElementById('container'));
```

在稍后的章节中讲到组件细节时,你还会看到通过继承自 **React.Component** 以使用 ES6 类创建组件是可行的。可以在清单 2-2 中看到。

清单 2-2 ES6 类的组件,在线版本在 http://jsbin.com/hezewe/2/edit?html,js,output

```
class MyComponent extends React.Component {
  render() {
    return (
      <div>
        {this.props.name}
      </div>
    );
  }
};


React.render(<MyComponent name="frodo" />, document.getElementById('container'));
```

2.1.2 React.Children.map

React.Children.map 是 **React.Children** 中的函数。该对象有几个辅助函数,可以让你更易于使用你的组件属性 **this.props.children**,它会为每个当前所包含的子代(children)执行函数,然后返回一个对象。**React.Children.map** 的使用如下。

```
React.Children.map( children, myFn [, context])
```

在这里,**children** 参数是包含你想要的 children 的对象。然后函数 **myFn** 会被每个 children 调用。最后的参数 **context** 是可选的,它将设置在该映射函数上。

　　清单2-3准确地展示了在简单组件中如何创建两个子元素。接着，在组件的渲染方法中调用 console.log()，使你可以看见所显示的子代对象 ReactElements。

　　清单2-3　使用 React.Children.map，在线版本在 https://jsfiddle.net/cgack/58u139vd/

```
var MyComponent = React.createClass({
  render: function() {
      React.Children.map(this.props.children, function(child){
          console.log(child)
      });
    return (
      <div>
        {this.props.name}
      </div>
    );
  }
});

React.render(<MyComponent name="frodo" >
    <p key="firsty">a child</p>
    <p key="2">another</p>
</MyComponent>, document.getElementById('container'));
```

2.1.3　React.Children.forEach

　　forEach 是另一个实用工具，在 React 中可以在 this.props.children 上调用。除了它不返回对象，其他和 React.Children.map 函数类似。

```
React.Children.forEach( children, myFn [, context])
```

　　清单2-4展示了 forEach 方法如何被使用。类似于 map 方法，该示例在控制台记录了 ReactElement 的子代对象。

清单 2-4 使用 React.Children.forEach，在线版本在 https://jsfiddle.net/cgack /vd9n6weg/

```
var MyComponent = React.createClass({
  render: function() {
        React.Children.forEach(this.props.children, function(child){
          console.log(child)
        });
  return (
    <div>
        {this.props.name}
      </div>
    );
  }
});


React.render(<MyComponent name="frodo" >
    <p key="firsty">a child</p>
    <p key="2">another</p>
</MyComponent>, document.getElementById('container'));
```

2.1.4　React.Children.count

count 方法会返回 **this.props.children** 中所包含的组件的数量。该函数的执行如下，可接受一个对象作为参数。

```
React.Children.count( children );
```

清单 2-5 展现了示例，调用 **React.Children.count()** 并将总数记录在控制台中。

清单2-5 React.Children.count。还有在线版本在 https://jsfiddle.net/cgack/n9v452qL/

```
var MyComponent = React.createClass({
  render: function() {
        var cnt = React.Children.count(this.props.children);
        console.log(cnt);
    return (
      <div>
        {this.props.name}
      </div>
    );
  }
});

React.render(<MyComponent name="frodo" >
    <p key="firsty">a child</p>
    <p key="2">another</p>
</MyComponent>, document.getElementById('container'));
```

2.1.5　React.Children.only

only 方法会返回 this.props.children 中唯一的子代。正如 count 函数一样，它接受子代作为单个对象参数。

```
React.Children.only( children );
```

清单 2-6 展示了你可以如何使用该方法。记住，如果你的组件的子代多于一个，React 不会允许你调用该方法。

清单 2-6 React.Children.only。在线版本在 https://jsfiddle.net/cgack/xduw652e/

```
var MyComponent = React.createClass({
  render: function() {
        var only = React.Children.only(this.props.children);
        console.log(only);
    return (
      <div>
        {this.props.name}
      </div>
    );
  }
});


React.render(<MyComponent name="frodo" >
    <p key="firsty">a child</p>
</MyComponent>, document.getElementById('container'));
```

2.1.6 React.createElement

createElement 方法会生成新的 ReactElement。创建它需要至少一个参数，算上可选的参数一共三个，即一个字符串类型 type，可选的对象属性 props 和可选的子代 chilrden。在本章稍后的部分你会学到更多关于 createElement 函数的知识。

```
React.createElement( type, [props], [children ...] );
```

清单 2-7 展示了你可以如何使用该函数创建元素。在本例中不是使用 JSX 的<div>标签，而是你要显示地创建元素。

37

清单 2-7　createElement

```
var MyComponent = React.createClass({
  displayName: "MyComponent",

  render: function render() {
    return React.createElement(
      "div",
      null,
      this.props.name
    );
  }
});

React.render(React.createElement(MyComponent, { name: "frodo" }),
document.getElementById("container"));
```

2.1.7　React.cloneElement

该方法会基于所提供的作为参数的基本元素克隆出 **ReactElement**。另外，你可以传第二个和第三个参数，即 props 和 children。在本章稍后，随着我们更详细地讲解元素和工厂方法，你会看到更多关于 **cloneElement** 函数的内容。

```
React.cloneElement( element, [props], [children ...] );
```

2.1.8　React.DOM

该对象提供实用工具函数，帮助你在未使用 JSX 时创建 DOM 元素。不是仅仅在 JSX 中写<div>my div</div>，而是你可以像下面这样创建元素。

```
React.DOM.div(null, "my div");
```

由于本书大部分的示例都将使用 JSX，你可能在写代码时不会再看到 React.DOM。只要明白底层 JavaScript 的 JSX 对译器将包含这些方法就行。

2.1.9　React.createFactory

React.createFactory 函数会调用 createElement 给定的 ReactElement 类型 type。你会在本章稍后讲到元素和工厂函数时学到更多关于工厂函数的内容。

```
React.createFactory( type );
```

2.1.10　React.render

React.render 会将 ReactElement 渲染成 DOM。通过为它提供一个 DOM 元素作为容器 container，React 就知道元素被放在哪。另外，你可以提供回调函数 callback，ReactElement 一被渲染为 DOM 节点就会执行。

```
React.render( element, container [, callback ] );
```

清单 2-8 突出了简单 React 组件的渲染方法。注意 DOM 元素的容器 ID，React 将在该容器渲染该组件。

清单 2-8　React.render。在线版本在 https://jsfiddle.net/cgack/gmfxh6yr/

```
var MyComponent = React.createClass({
  render: function() {
    return (
      <div>
        {this.props.name}
```

```
        </div>
    );
  }
});
```

```
React.render(<MyComponent name="frodo" />, document.getElementById('container'));
```

2.1.11　React.renderToString

`React.renderToString` 函数将使你可以把 `ReactElement` 渲染成它最初的 HTML 标签。你可能会想到，这可能在 Web 浏览器中没什么用，但它会是你 React 应用程序在服务端的渲染版本。该特性常服务于你服务端的应用程序。实际上，如果你在服务端被 `React.renderToString` 渲染的元素上调用 `React.render()`，React 会很智能，仅需要将事件句柄附到那个元素上，然后再重置整个 DOM 结构。

```
React.renderToString( reactElement );
```

2.1.12　React.findDOMNode

`React.findDOMNode` 函数会返回 React 组件提供的 DOM 元素或传入该函数的元素：

```
React.findDOMNode( component );
```

它会先检查组件或元素是否为 `null`。如果是，它将返回 `null`。然后检查传入的组件本身是否是 DOM 节点，这种情况下它会返回元素作为节点。然后它会使用内部的 `ReactInstanceMap`，并从该映射中获取 DOM 节点。

后面几段中，我们将深入了解与 React 组件和元素工厂相关的信息，并讨论如何把它们用在 React 应用程序上。

2.2 探索 React 组件

React 组件是你在建立 React 应用程序时的主要构件。这部分将演示组件是怎样被创建的，以及你可以用它们做什么。

当你使用 ES6 基于 React.Component 类扩展时，React 组件被创建。或者更典型的，你可以使用 **React.createClass** 方法（查看清单 2-9 和清单 2-10）。

清单 2-9　使用 ES6 创建 myComponent 类。在线示例可以在 https://jsbin.com/jeguti/2/edit?html,js,output 找到

```
class myComponent extends React.Component {
    render() {
        return ( <div>Hello World</div> );
    }
}
```

清单 2-10　使用 React.createClass 创建 myComponent 类。交互版的在线示例可以在 https://jsbin.com/wicaqe/2/edit?html,js,output 找到

```
var myComponent React.createClass({
    render: function() {
        return ( <div>Hello World</div> );
    }
});
```

React 组件有它们自己的 API，包括多种方法和助手，后面会讲到。有一些写在这的方法在 React v0.13.x 中是不可用或不建议使用的，但会出现在 React 框架的遗留版本中。这些我所提及的方法中，你应将重点放在未来的良好特性上，特别是那些 ECMAScript 2015（ES6）可以使用的。

基于 React.Component 类是未来的 API 组件的友好版本。这意味着它可以仅使用 ES6 特性，即 setState 和 forceUpdate。使用 setState 时，你既可以给它传函数也可以传简单对象。另外，你还可以添加回调函数，只要状态被设置，它就会被执行。见清单 2-11。

清单 2-11　使用 setState 函数，在新设置的状态被返回后，currentState 会被传给该函数

```
setState( function( currState, currProps ) {
        return { X: currState.X + "state changed" };
});
```

```
setState using an object directly setting the state.
```

```
setState( { X: "state changed" } );
```

当 setStatus 被调用时，你会把新对象放入 React 更新队列中，这是一些东西被改变时，React 用以控制它的机制。一旦状态做好改变的准备，新的状态对象或部分对象将合并余下的组件状态。实际的更新方法是一组更新的句柄，所以你应该知道有一些在使用 setState 函数时的警告。首先，无法保证你的更新会以任何特定顺序被处理。因此，如果有一些你希望依赖于 setState 是否被执行的东西，把它们放入回调函数将会是个好主意，你可以选择性地将其传入 setState 函数。

关于状态的重要提示是，你绝不应该通过直接设置 this.status 对象来

立刻改变组件状态。这里建议把你想处理的状态对象当作不可改变的，并且只允许 React 及排队和合并状态中的 **setState** 进程去控制状态的改变。

另一个在 **React.Component** 类的属性上的核心 API 方法是函数 **forceUpdate**。**forceUpdate** 会准确地做你期望的事；它强制组件更新。一样是使用 React 的队列系统，只要它被执行就会强制组件更新。它会无视组件的部分生命周期，比如 **ComponentShouldUpdate**，不过你会在稍后的部分中学到更多关于组件生命周期的内容。为了强行更新你需要做的一切，应该调用函数。你可以有选择性地添加回调函数，只要更新被强制，它就会被执行。

```
forceUpdate( callback );
```

这另有几个 API 组件是值得一提的，虽然它们是不建议使用的特性，但它们仍然在许多实现中经常被使用，并且你会在很多 React 的文档中看到它们。只要注意到它们不被建议就好。在 React 未来的版本中，比如高于 0.13.x 的版本中，它们将极有可能被移除。这些方法会在下一段中讲到。

2.3　理解组件的属性和方法

现在你知道了 **forceUpdate** 和 **setState** 这两个核心函数，它们是 **React.Component** 类的属性的 ES6 版本的一部分。这有几个方法在你使用 ES6 的时候是不可用的，因为它们不建议被使用。虽然在用 React 创建组件的时候它们不是必须的，但你会发现很多文档和示例中包含它们，所以我们在这本导论中提到了它们。这些方法只在你使用 **React.createClass** 作为你创建组件的函数时可用。它们以一种聪明的方式被添加在 React 的代码中，我认为这是值得一提的，因为它突显了这真是一个附加解决方案，它将在未来的版本中被丢弃。添加这些额外函数的代码如下：

```
var ReactClassComponent = function() {};
assign(
  ReactClassComponent.prototype,
  ReactComponent.prototype,
  ReactClassMixin
);
```

了解了 ReactClassComponent 如何被创建出来（当你调用 React.createClass 时，它成了你的组件），接着 assign 方法被调用。assign 方法是基于 Object.assign(target,...sources)并且它会把所有它自身可枚举的资源属性分配给 target。这本质上是深度合并。最终 ReactClassMixin 被添加到组件，且拥有几个方法。一个方法和 setState 一母同胞，叫作 replaceState。replceState 函数将完整地重写当前部分组件的所有状态。

```
replaceState( nextState, callback );
```

方法签名包含一个代表 nextState 的对象，还有一个可选的 callback 函数，只要状态被替换就会执行。通常，你想让你的状态在组件的整个生命周期中始终保持同一个签名类型。为此，大多数情况下应该避免使用 replaceState，因为这与普遍思维背道而驰，但仍然可以使用 setState 操作状态。

ReactClassMixin 的另一部分是布尔函数 isMounted，这样当你使用 React.createClass 创建组件时也可以用它。isMounted 会在你引用的组件渲染成 DOM 时返回 true。

```
bool isMounted();
```

getDOMNode 是个不赞成使用的特性，在使用 React.createClass 创建的组件中会调用它。这实际上仅仅是个调用 React.findDOMNode 的实用工具，它应该是在组件或元素中寻找 DOM 节点位置的首选方法。

在使用 React 组件时，你可能会发现有时必须触发你另一个组件的渲染。你会看到，最好的方式是直接调用组件中的 render()方法。还有另一种触发你组件渲染的方式，与 setState 一样，调用 setProps。

setProps(nextProps, callback);

setProps 所做的事可以让你将下一组属性传给对象形式的组件。另外，你还可以添加回调函数，只要组件再次被渲染，它就会执行。

与 setProps 方法类似的是 replaceProps 函数。该函数接受一个对象，并会彻底重写组件上已存在的一系列属性。replaceProps 还可以传个回调函数，只要组件在 DOM 中彻底被重新渲染，它就会执行。

这里总结了 React 组件的特性概要，还有作为开发者的你会用到的基础属性和函数。下面来看看组件的生命周期，包括它如何渲染，先来看下 React 的元素和工厂。

2.4　组件的生命周期和渲染

在你一头扎进 React 组件生命周期之前，首先你应该学习组件的规范函数。有些函数会或可以在创建组件时被你的规范对象囊括。一部分规范函数是生命周期函数，在遇到它们时，我会详述组件生命周期中它们何时会执行。

2.4.1　render

在本章开头回顾核心 API 时提到过，每个 React 组件都必须有 **render** 函数，该 **render** 函数会接受 **ReactElement** 并提供一个容器用以放置将被添加或装配（mounted）DOM 的组件。

2.4.2　getInitialState

该函数会返回一个对象。该对象的内容将在最初渲染时设置组件对象。该函数仅在组件渲染前调用一次。当使用 ES6 类创建组件时，实际上你是在通过 **this.state** 在类的构造函数中设置状态。清单 2-12 展示了如何在非 ES6 组件和 ES6 组件中处理它。

2.4.3　getDefaultProps

getDefaultProps 仅在 **ReactClass** 首次创建时被调用一次，然后缓存起来。该函数返回一个对象，它代表的是组件上 **this.props** 的默认状态。父组件上不存在 **this.props** 的值，但出现在组件映射中，且会被添加到 **this.props** 中。当你使用 ES6 配置创建组件时，默认属性会在你组件类的构造函数中完成。

清单 2-12 展示了 **getInitialState** 和 **getDefaultProps**，既有通过 **React.createClass** 方法生成组件，还有使用 ES6 方法生成组件。

清单 2-12　在 Action 中的 **getInitialState** 和 **getDefaultProps**

```
var GenericComponent = React.createClass({
        getInitialState: function() {
```

```
        return { thing: this.props.thingy };
    },


    getDefaultProps: function() {
        return { thingy: "cheese" }
    }
});


// ES6


class GenericComponent extends React.Component {
    constructor(props) {
        super(props);
        this.state = { thing: props.thingy };
    }
}


GenericComponent.defaultProps = { thingy: "cheese" };
```

2.4.4 mixins

mixin 在组件规范中是个数组。mixin 可以分配你的组件的生命周期事件，并且你还可以确保它在组件生命周期中的适当时间上被执行。计时器控制是个 mixin 的示例，它在使用主要组件 **TickTock** 时合并生命周期事件到 **SetIntervalMixin** 中。如清单 2-13 所示。

清单 2-13　使用 React mixin，交互示例在线版本在 https://jsfiddle.net/cgack/ 8b055pcn/

```
var SetIntervalMixin = {
```

```
componentWillMount: function() {
  this.intervals = [];
    },
  setInterval: function() {
    this.intervals.push(setInterval.apply(null, arguments));
  },
  componentWillUnmount: function() {
    this.intervals.map(clearInterval);
  }
};
var TickTock = React.createClass({
  mixins: [SetIntervalMixin], // Use the mixin
  getInitialState: function() {
    return {seconds: 0};
  },
  componentDidMount: function() {
    this.setInterval(this.tick, 1000); // Call a method on the mixin
  },
  tick: function() {
    this.setState({seconds: this.state.seconds + 1});
  },
  render: function() {
    return (
      <p>
        React has been running for {this.state.seconds} seconds.
      </p>
      );
```

```
    }
});
```

2.4.5 propTypes

propTypes 是个对象，你可以为每个传入你的组件的属性添加类型检查。propTypes 是基于 React 对象 React.PropTypes 而设的。关于它们的类型会在稍后讨论。

如果你想强制指定属性的类型，你可以采取几种方法。首先你确定属性类型，但应是非强制的类型。你可以在你的 propTypes 对象中指定属性名并将其设为 React.PropTypes 中的类型。举个例子，非强制性的布尔值属性看起来是下面这样的：

```
propTypes: {
    optionalBoolean: React.PropTypes.bool
}
```

对于其他 JavaScript 类型，可以采用同样的格式：

```
React.PropTypes.array

React.PropTypes.bool

React.PropTypes.func

React.PropTypes.number

React.PropTypes.object

React.PropTypes.string

React.PropTypes.any
```

另外还有一些类型，你还可以添加 isRequired 标签到 React.PropType 的声明中，让它们成为必需属性。所以对于你的布尔 propType 的这种情况，你现在可以让它是必需的，如下：

```
propTypes: {
    requiredBoolean: React.PropTypes.bool.isRequired
}
```

除了 JavaScript 类型，你可能想设置更多 React 的特殊类型。你可以使用 **React.PropType.node**，它代表任何 React 可以渲染的东西，比如数字、字符串、元素，或者那些类型的数组。

```
myNodeProp: React.PropTypes.node
```

用 **React.PropTypes.element** 类型也可以。它会强制属性成为 React 元素：

```
myNodeProp: React.PropTypes.element
```

还有几个 **PropType** 助手，如下。

```
//enforces that your prop is an instance of a class
React.PropTypes.instanceOf( MyClass ).

// Enforces that your prop is one of an array of values
React.PropTypes.oneOf( [ 'choose', 'cheese' ])

// Enforces a prop to be any of the listed types
React.PropTypes.onOfType( [
    React.PropTypes.string,
    React.PropTypes.element,
    React.PropTypes.instanceOf( MyClass )
])

// Enforce that the prop is an array of a given type
```

```
React.PropTypes.arrayOf( React.PropTypes.string )

// Enforce the prop is an object with values of a certain type
React.PropTypes.objectOf( React.PropTypes.string )
```

2.4.6 statics

在你的组件规范中，你可以在静态（**statics**）属性中设置静态函数的对象。你的静态函数在组件中运行，并且可以在函数所创建的实例中调用。

2.4.7 displayName

displayName 是在你查看你的 React 应用的调试信息时所使用的属性。

2.4.8 componentWillMount

componentWillMount 是生命周期事件，React 在拿你的组件类渲染成 DOM 的过程中使用它。**componentWillMount** 方法仅在你的组件初始渲染前执行。有一件需特别注意的事，如果你在该函数中调用你的 **setState** 函数，**componentWillMount** 不会使你的组件重新渲染，因为初始渲染方法会恢复被改变的状态。

```
componentWillMount()
```

2.4.9 componentDidMount

componentDidMount 函数只在客户端的 React 进程中，在组件被渲染成 DOM 后被调用。在这点上，React 组件已成为 DOM 的一部分，你可以使用 **React.findDOMNode** 函数调用它，在本章前面你看见过的。

```
componentDidMount()
```

2.4.10　componentWillReceiveProps

你可能从其名称上见字知意，componentWillReceiveProps 在组件将接受属性时执行。每次有属性改变该函数就会被执行，但第一次渲染时决不会执行。你可以在该函数内调用 setState，并且不会导致额外的渲染。你需要为该函数提供的参数是新属性的对象，它将成为组件属性的一部分。不过你仍然可以在该函数中通过 this.props 访问当前的属性，这样你就可以在该函数中为 this.props 和 nextProps 做任意逻辑比较。

```
componentWillReceiveProps( nextProps )
```

2.4.11　shouldComponentUpdate

该函数在组件渲染前被调用，每次属性改变或者状态被恢复都会被调用。在初始渲染前或者是使用 forceUpdate 时不会被调用。该函数是你可以使用它在你知道属性改变或状态并不是真的需要组件更新时跳过渲染的机制。需要在函数体中根据你制定的标准返回 false，以短路渲染过程。这样做会绕开组件渲染，不仅是跳过 render()函数，还会到生命周期的下一步，即 componentWillUpdate 和 componentDidUpdate。

```
shouldComponentUpdate( nextProps, nextState );
```

2.4.12　componentWillUpdate

componentWillUpdate 在你的组件一出现渲染时就被调用。你无法在该函数中使用 setState。

```
componentWillUpdate( nextProps, nextState )
```

2.4.13　componentDidUpdate

componentDidUpdate 仅在 DOM 的所有渲染更新被处理完后被执行。因为它基于更新，所以不是组件初始渲染的一部分。可传给该函数的参数是之前的属性和之前的状态。

```
componentDidUpdate( prevProps, prevState );
```

2.4.14　componentWillUnmount

如之前所提及的，当组件被渲染成 DOM 时，这叫作配备（mounting）。接着看函数 componentWillUnmount，在组件不再在 DOM 上配备时会立马被调用。

```
componentWillUnmount()
```

现在你看到了所有在创建 React 组件时你会用到的属性和生命周期方法，这是个看看不同生命周期看起来有什么差别的好时机。清单 2-14 展示了 React 在初始渲染期间的生命周期。

清单 2-14　初始渲染期间的生命周期
```
var GenericComponent = React.createClass({
    // Invoked first
    getInitialProps: function() {
        return {};
    },

    // Invoked Second
    getInitialState: function() {
```

```
        return {};
    },


    // Third
    componentWillMount: function() {
    },


    // Render - Fourth
    render: function() {
        return ( <h1>Hello World!</h1> );
    },


    // Lastly
    componentDidMount: function() {
    }
});
```

清单2-14的直观表述如图2-1所示，你可以看到React组件它们经历初始渲染的过程。

React还有个特别的生命周期，就是在它改变状态时。如清单2-15所示。

清单2-15　状态改变时的生命周期

```
var GenericComponent = React.createClass({


    // First
    shouldComponentUpdate: function() {
    },


    // Next
```

```
componentWillUpdate: function() {
},


// render
render: function() {
    return ( <h1>Hello World!</h1> );
},


// Finally
componentDidUpdate: function() {
}
});
```

正如清单 2-15 向你展示的状态改变时 React 生命周期的代码, 图 2-2 形象地展示了同样的状态改变过程中的生命周期。

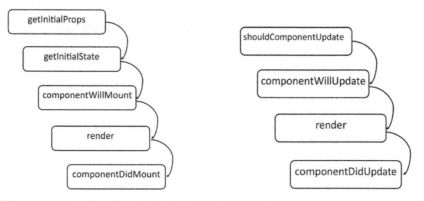

图 2-1　React 组件初始渲染过程中的　　图 2-2　组件状态改变时组件的生命周期
　　　　函数调用顺序

清单 2-16 展示的代码示例凸显了在 React 组件的属性被改变时的生命周期的过程。

清单 2-16　属性改变的组件生命周期

```
var GenericComponent = React.createClass({

    // Invoked First
    componentWillReceiveProps: function( nextProps ) {
    },

    // Second
    shouldComponentUpdate: function( nextProps, nextState ) {
        // if you want to prevent the component updating
        // return false;
        return true;
    },

    // Third
    componentWillUpdate: function( nextProps, nextState ) {
    },

    // Render
    render: function() {
        return ( <h1> Hello World! </h1> );
    },

    // Finally
    componendDidUpdate: function() {
    }
});
```

清单 2-16 中的代码显示了在 React 组件的属性改变时的过程。可以在图 2-3 中直观地看到。

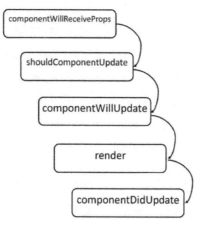

图 2-3　属性改变时的组件生命周期

了解函数在组件生命周期中的哪里被使用是很重要的，但注意到 render() 依然是唯一的组件规范中必需的函数也是很重要的。让我们再来看一个示例，使用代码来看看 React 组件的所有规范方法。

2.5　React 元素

你可以使用 JSX 创建 React 元素，你会在下一章看到关于它的细节，你也可以使用 React.createElement 创建一个。React.createElement 和 JSX 是一样的，因为这本就是 JSX 转译成 JavaScript 之后所做的，正如你在本章开头所见的。无论如何，有件事需要注意，在使用 createElement 时所支持的元素并不是全部被所有 Web 浏览器支持的元素。所支持的 HTML 元素在清单 2-17 中显示。

清单 2-17　创建 React 元素时所支持的 HTML 元素

a abbr address area article aside audio b base bdi bdo big blockquote body
br button canvas caption cite code col colgroup data datalist dd del details
dfn dialog div dl dt em embed fieldset figcaption figure footer form h1 h2
h3 h4 h5 h6 head header hr html i iframe img input ins kbd keygen label
legend li link main map mark menu menuitem meta meter nav noscript object
ol optgroup option output p param picture pre progress q rp rt ruby s samp
script section select small source span strong style sub summary sup table
tbody td textarea tfoot th thead time title tr track u ul var video wbr

当然，附带还有这些元素，你可以随时使用 **React.createElement** 创
建混合的自定义类型 **ReactClass**，如果你想实现一些特别的元素的话，它
们可以填补空白。另外还有一些 HTML 元素支持的 HTML 属性，如清单 2-18
所示。

清单 2-18　创建 React 元素时可使用的 HTML 属性

accept acceptCharset accessKey action allowFullScreen allowTransparency alt
async autoComplete autoFocus autoPlay cellPadding cellSpacing charSet
checked classID className colSpan cols content contentEditable contextMenu
controls coords crossOrigin data dateTime defer dir disabled download
draggable encType form formAction formEncType formMethod formNoValidate
formTarget frameBorder headers height hidden high href hrefLang htmlFor
httpEquiv icon id label lang list loop low manifest marginHeight marginWidth
max maxLength media mediaGroup method min multiple muted name noValidate
open optimum pattern placeholder poster preload radioGroup readOnly rel
required role rowSpan rows sandbox scope scoped scrolling seamless selected
shape size sizes span spellCheck src srcDoc srcSet start step style tabIndex
target title type useMap value width wmode data-* aria-*

2.6 React 工厂

如你在本章开头所见，**React.createFactory** 是另一种让你可以创建 React 元素的基础方法。就这点来说，它有能力渲染所有前面说过的 HTML 标签和伴随自定义 **ReactClass** 元素的 HTML 属性。要想知道何时需要工厂，请看一个简单例子：用 JSX 实现一个元素时。

```
// button element module
class Button {
    // class stuff
}


module.exports = Button;


// using the button element
var Button = React.createFactory(require('Button'));


class App {
  render() {
    return Button({ prop: 'foo '}); // ReactElement
  }
}
```

工厂的主要使用例子是，当你决定不像前一个例子那样使用 JSX 编写你的应用程序时。这是因为当你使用 JSX 创建 **ReactClass** 时，转译器进程会创建必要的工厂，以便恰当地渲染元素。至于 JSX 的版本，它包括和之前的工厂代码一样的东西，如下所示。

```
var Button = require('Button');
class App {
  render() {
    return <Button prop="foo" />; // ReactElement
  }
}
```

2.7　小结

本章讲解了 React 的核心。你学到了 React 的 API，包括如何使用 **React.createClass** 创建组件。你还学到了当使用 ES6 工具构建你的应用程序时如何使用 **React.Component** 类。另外的 API 方法包括所有 **React.Children** 的实用工具、**React.DOM**、**React.findDOMNode** 和 **React.render**。

在最初介绍了 React 核心之后，还为你介绍了实现 React 组件的细节，包括它们所包含的属性，以及各种不同的生命周期函数和渲染过程。

最后，你读了一些关于 React 元素和工厂的细节，这让你可以深入理解下一章的 JSX。只要你读到 JSX，你将可以深入全面地创建 React 应用程序，一步一步地整合所有这一切信息。

第 3 章

JSX 原理

在第 1 章中，你阅读了为什么你应该使用 React，以及使用 React 的好处。第 2 章展示了 React 的重要核心功能，以及你如何才能调用内部 API（`ReactElements` 和 `ReactComponents`），以了解如何构建可用的 React 应用程序。

在这些章节中，JSX 分别都有展示或至少提及。JSX 对于使用 React 不是必需的，但它可以使创建组件更容易。JSX 允许你以类 XML 句法创建 JavaScript 对象，无论是 DOM 元素还是 `ReactComponents`。本章将展示 JSX 可以做什么，以及你可以如何在你的 React 应用程序中使用它。

3.1 为什么使用 JSX 而不用常规的 JavaScript

现在你了解到对于编写良好 React 代码 JSX 不是必需的。但无论如何，它是被广泛接受的编写 React 的方式。究其根本也恰好就是你为什么可能想要使用 JSX 编写你的 React 代码而不是纯 JavaScript 的原因。

首先，开发人员和设计人员对 JSX 都有熟悉的外观和感觉。它是类 XML

的，或许其结构更接近类 HTML。这意味着你可以用与构建你的 HTML 相同的方式着手构建你的 React 代码。这不是个新概念。在维护类 HTML 文档的布局和结构时，JavaScript 是可以渲染你的应用程序的，这是现今几乎每个 Web 上的模板语言的基础。

其次，JSX 仍然是 JavaScript。也许它似乎并非如此，但 JSX 是通过 JSX 编译器编译的，既可以在构建的时候，也可以在浏览器中的开发期间。它将每样东西都转化成了可维护的 React 的 JavaScript。JSX 所带来的是以去冗余的方式做到了你能以任何方式编写 JavaScript 所做相同的事。

最后，引用 Facebook 页面，这是对于 JSX 作为 ECMAScript 扩展的官方规范的草案，它定义了此规范的目的：

定义简明熟悉的句法是为了用属性定义树形结构。一个通用且定义良好的句法可以让独立解析器和代码语法高亮插件的社区皆遵照统一规范。

在现存语言中嵌入新句法是极大的冒险。其他句法实现者或者现存语言可能会引入另一个不协调的句法扩展。

通过里程碑式的规范，我们使其他句法扩展的实现者更易在设计他们自身句法时将 JSX 考虑在内。使许多新句法扩展共存成为可能。

我们打算在保持句法简洁和熟悉的同时，要求使用最小的句法块。这样我们就向其他扩展打开了大门。

该规范并不试图遵从任何 XML 或 HTML 规范。JSX 是作为 ECMAScript 特性而设计的，只是为了熟悉度和 XML 有些类似。

https://facebook.github.io/jsx/

值得注意的是 Facebook 并没打算在 ECMAScript 本身中实现 JSX，而是利用该文档提议将 JSX 作为扩展。但引入 ECMAScript 主体则会导致问题，那就是你得接受已经在 ES6 中实现的模板字面量。这是个有效的参数，但如果你仔细查看下面的示例，清单 3-1 和清单 3-2，你会看到简洁的 JSX 句法的好处。

清单 3-1 模板字面量

```
var box = jsx`
  <${Box}>
    ${
      shouldShowAnswer(user) ?
      jsx`<${Answer} value=${false}>no</${Answer}>` :
      jsx`
        <${Box.Comment}>
          Text Content
        </${Box.Comment}>
      `
    }
  </${Box}>
`;
```

清单 3-2 JSX

```
var box =
  <Box>
    {
      shouldShowAnswer(user) ?
      <Answer value={false}>no</Answer> :
      <Box.Comment>
          Text Content
      </Box.Comment>
    }
```

```
</Box>;
```

模板字面量展示了存在一种可能性，那就是如果 Facebook 曾希望利用该特性来构筑他们的 React 模板，很显然无论如何句法都会更冗余，并且似乎夹杂了类似反勾号[1]、美元符号和花括号的额外特性。

与 JSX 版的句法相比，JSX 版是直接可读的，而且对熟悉 XML 句法和层级结构的人会更容易。Facebook 认为只要他们选了模板字面量路由，那现有的与模板字面量配套的工具将需要更新，包括 ECMAScript 的模板字面量定义。这是因为 JSX 将与 ECMAScript 标准紧密结合，并且这一过程必须使该简单扩展成为更大语言定义的一部分，因此 JSX 是独立存在的。

你见到了 JSX 所带来的好处。这样写起来更简洁，但它仍然导致其本身转译到粗犷的 JavaScript 中，这是强化你的 React 应用程序所必需的。通常这对于熟悉 HTML 句法的人也是适当的。这样用 JSX 结构化你的 React 组件的输出，不仅是主要的 JavaScript 开发者，而且也是你项目中的设计师（如果你以此方式划分角色）所能接受的。

3.2　JSX 转换器

在上一章中，你简单地学了如何开始 React 并运行在浏览器或文本编辑器中。这一段将提供更多关于你可以如何设置开发环境的细节，这能加强 JSX 转换器的力量。

---

[1] 反勾号即为"`"，又叫反引号或撇号。

可以简易地浏览一下 React 的网站 https://facebook.github.io/ react/docs/getting-started.html 及其 "React JSFiddle" 链接。这样你可以在浏览器中用 React 和 JSX。如果你不想设置一个健全的开发环境，跟着本书附带的示例是最好的办法。

另一个方法是在你用来开发 React 应用程序的 HTML 文件中集成 React 和 JSX 转换器脚本。要这样做只能从 React 网站下载 React 和 JSX 转换器，或链接 Facebook 的 CDN。

对于开发者来说这是最完美的方法了，但由于当你包含它们时有额外的脚本和在客户端发生的处理，建议你在放到产品之前预编译你的 JSX。

```
<script src="https://fb.me/react-0.13.2.js"></script>
<script src="https://fb.me/JSXTransformer-0.13.2.js"></script>
```

当然有其他方式设置环境。你需要把 Node.js 和 npm 安装在你的机器上。首先，从 npm 获取 JSX 工具，你仅需要安装 react-tools 包。

```
npm install -g react-tools
```

然后你可以监听任意放着*.jsx 文件的目录，并将它们输出到被编译的 JavaScript 的目录，像下面这样。可以看到 src 目录和输出到的构建目录。

```
jsx --watch src/ build/
```

另一个方式也可以让你轻松转译 ES6 模块和组件，那就是在执行时增加对 npm 包和 Node.js 改变和转译的监听。

为了开始配置，你需要用 npm 安装一些全局工具。首先是 browserify，该工具可以让你在 Node.js 以外的浏览器环境中使用 CommonJS 的 require ("module")句法。除了 browserify，你可以使用 watchify 监听目录或文件，以及模块 babel 对它们的变换。模块 babel 会将任何你使用 ES6 写的东西转换成兼容的 ECMAScript 第 5 版（ES5）的句法。Babel 还会将 JSX 转化为适当的 JavaScript。所需的命令概括如下。

```
# first you need to globally acquire browserify, watchify, and babel
npm install -g browserify watchify babel


# next in the directory in which you wish to develop your application


npm install react browserify watchify babelify --save-dev
```

现在你有了工具链，可以让你创建你的.jsx 文件并将它们在浏览器中渲染为完整的 JavaScript 和 React 组件。要这样做，你可以创建 src 和 dist 目录，在 src 目录中放置你的 JSX 文件。在该示例中，假定有一个叫做 app.jsx 的文件。然后将其编译成 bundle.js 文件放到 dist 文件夹中。马上用 watchify 和 babelify 将 JSX 文件转换到 bundle.js 中，应该使用的命令如下：

```
watchify -t babelify ./src/app.jsx -o ./dist/bundle.js -v
```

在你调用 watchify 时，它将监听文件并使用 babel（babelify）转换来变换（-t）该文件。下一个参数是源文件的转换所输出（-o）的文件以及目的地目录和文件（bundle.js）。标志-v 指冗余，这样每次输入文件（app.jsx）改变，你就会在你的控制台看到变换所产生的输出。你会看到类似下面这样的东西：

```
624227 bytes written to ./dist/bundle.js (0.29 seconds)
624227 bytes written to ./dist/bundle.js (0.18 seconds)
624183 bytes written to ./dist/bundle.js (0.32 seconds)
```

然后你可以创建 HTML 文件，以囊括 bundle.js 的引用，它将拥有 React 和 JSX 转换成的 JavaScript。

```
<!DOCTYPE html>
<html lang="en">
<head>
        <meta charset="UTF-8">
        <title>Introduction to React<title>
</head>
<body>
        <div id="container"></div>
        <script src="dist/bundle.js"></script>
</body>
</html>
```

▨ **注意**：使用 babelify 将你的 JSX 转化为 JavaScript 不是唯一的方法。事实上这还有许多其他可以利用的解决方案，包括但不限于此，如 gulp-jsx（`https://github.com/alexmingoia/gulp-jsx`）和 reactify（`https://github.com/andreypopp/reactify`）。你应该可以找到适合你工作流的工具，即使有的方法没有在本段中罗列。

3.3 JSX 如何将类 XML 句法转换为可用的 JavaScript

对于 JSX 是怎样使用类 XML 句法并将其转化为通常 React 元素和组件可以使用的 JavaScript 的，最基本的解释是它简易扫描类 XML 结构并在 JavaScript 中使用所需的函数替换标签。

你会看到几个示例，如何处理一段 JSX 并将其转化为适当的 JavaScript，以用于你的 React 应用程序。清单 3-3 显示了简单的"Hello World"应用程序。

清单 3-3 简单的"Hello World"应用程序的原 JSX 版本

```
var Hello = React.createClass({
    render: function() {
        return <div>Hello {this.props.name}</div>;
    }
});


React.render(<Hello name="World" />, document.getElementById('container'));
```

你可以在该示例中看到 JSX 创建了 **div** 元素，并将其引用放在 **this.props.name** 属性上。这一切都被包含在组件 **Hello** 中。然后在应用程序中你调用组件 **Hello** 上的 **React.render()**，将值"World"传给属性 **name**，它会变成 **this.props.name** 的值。清单 3-4 显示了在 React 的 JSX 转换器将类 XML 句法转为 JavaScript 之后它变成了什么。

清单 3-4 JSX 转化之后的 Hello World 示例

```
var Hello = React.createClass({displayName: "Hello",
    render: function() {
        return React.createElement("div", null, "Hello ", this.props.name);
    }
});


React.render(React.createElement(Hello, {name: "World"}),
document.getElementById('container'));
```

首先，在该简单示例中需要注意的是，这两个例子属于伯仲之间。只是 JSX 变换后的源码读起来更冗长。值得注意的是它自动注入了 **displayName**。当创建你的 React 组件时，只在你未在 ReactComponent 规范中设置该属性时发生。它会检查组件对象上的每个属性并检查 **displayName** 的值是否存在。如果不存在，它将添加 **displayName** 到组件上，如你在示例中所见。

另一个关于组件值得注意的是 JSX 句法的实际结构是如何被拆散到 **ReactElement** 中的。这里 JSX 转换器识别了类 XML 结构。

```
<div>Hello {this.props.name}</div>
```

并将其转到了 JavaScript 函数里：

```
React.createElement("div", null, "Hello ", this.props.name);
```

在上一章中，**React.createElement** 的细节展示了其至少接受一个参数、一种类型，还有几个可选的参数。本例中，类型是 **div**，跟着的 **null** 对象指明对象上的任何属性。然后子代的 "Hello" 字符将成为 **div** 元素的 **innerHTML**。属性也被传入，确切地说是 **this.props.name**。在 JSX 转换器针对构建表现一个元素的功能的 JavaScript 字符串代码中，这就是所有处理。这段源码读起来很有趣，所以如果你认真读过转换器源码，你就会知道变换过程做了什么。

变换的主要思想是说明每件事并智能地编译用于呈现 JSX 组件的 JavaScript 版的字符串。变换示例的另一部分是最终的渲染，从这样：

```
<Hello name="World" />
```

到这样：

```
React.createElement(Hello, {name: "World"})
```

这对于你来说可能看起来像是在 div 元素上发生了相同的转换，但此种情况下的不同是，表示 name 属性是一个非空属性（non-null）。这来自于 Hello 组件中的 this.props.name。当 React.render() 被调用时，元素上的属性是直接的。你可以在那些被解析的 JSX 元素上看到逻辑处理，随后被频繁重建为可用的 JavaScript，React 可以使用这些将组件链接到页面。这只是个不起眼的例子。接下来你会看到当你开始互相嵌套 JSX 元素的时候会发生什么。

为展示嵌套的自定义 ReactComponent 是如何从 JSX 变换为 JavaScript 的，你马上会在清单 3-5 中看到一个类似"Hello World"打招呼的复杂示例。

清单 3-5　Hello World 打招呼

```
var GreetingComponent = React.createClass({
    render: function() {
        return <div>Hello {this.props.name}</div>;
    }
});


var GenericComponent = React.createClass({
    render: function() {
        return <GreetingComponent name={this.props.name} />;
    }
});


React.render(<GenericComponent name="World" />,
document.getElementById('container'));
```

你在这会看到 GenericComponent，它只是个容器 div，用于放置其他 GreetingComponent 组件。GenericComponent 通过调用属性来渲染，类似上一个例子中 Hello 组件那样。然而，这有个二阶 ReactComponent，作为子元素的属性传给 this.props.name。你自然不会想让一个真实世界的用户界面看起来像这样，但也不会是做成 Hello 组件的那样。你可以假设该示例只是为了展示 JSX 是如何对译嵌套组件的。JSX 变换的结果如清单 3-6 所示。

清单 3-6　GenericComponent 的 JSX 变换

```
var GreetingComponent = React.createClass({displayName: "GreetingComponent",
    render: function() {
        return React.createElement("div", null, "Hello ", this.props.name);
      }
});


var GenericComponent = React.createClass({displayName: "GenericComponent",
    render: function() {
        return React.createElement(GreetingComponent, {name:
        this.props.name});
      }
});


React.render(React.createElement(GenericComponent, {name: "World"}),
document.getElementById('container'));
```

首先看到，从不起眼的 Hello World 示例转到这并不是非常困难，但由于更仔细的检查，你会看到更多助你更好理解 JSX 的工作。在该示例中，你可以从查看 React.render()函数的调用开始，其转换如下：

```
<GenericComponent name="World" />
```

变成这样：

```
React.createElement(GenericComponent, {name: "World"})
```

当你在 Hello World 示例中创建你的 **Hello** 组件时，在被转化成 JS 属性传到 **GenericComponent** 的 HTML 属性 **name** 上，究竟发生了什么。在下一层的分支上，也就是 **GenericComponent** 被创建以及引用 **GreetingComponent** 的地方，在那将 **name** 属性直接传入了 **GreetingComponent**。

```
<GreetingComponent name={this.props.name} />
```

这显示了你可以怎样处理属性，并将其传给子元素。从 **GenericComponent** 的顶级属性入手，你可以使用 **this.props** 将该属性传给子元素 **GreetingComponent**。看看 **GreetingComponent** 的创建也是很重要的，就像任何其他 **ReactComponent** 或 HTML 标签一样，在你的 React 组件结构中，嵌套组件和嵌套 HTML 标签之间并没有固有选择。

关于 **ReactComponent** 与纯 HTML 标签有一件要注意的事是 React 有个惯例，以大写做组件名的开头，而 HTML 标签则小写。

有时你需要更聪明地设计用户界面，即使是以最简形式建立结构化的方式。在 JSX 中你可以这样做，创建一些组件，然后根据添加到作用域的变量的嵌套来构筑层级，比如你用嵌套的标签和输入框创建表单的时候。虽然该方法很有效，但它有些局限性，可能在为属于同一组的东西创建独立组件变量名时就不是必需的。这种情况下，表单作为父级 **FormComponent** 的一部分被建立。好消息是 React 知道这是没必要的，允许你以父级作为命名空间创建组件。在清单 3-7 中，你将看到 **FormComponent** 命名空间的创建，它和许多将被嵌套到其中的组件关联。然后使用组件别名渲染，这样对于渲染，组件就使用了命名空间。

清单 3-7　创建 FormComponent

```
var React = require("react");


var FormComponent = React.createClass({
        render: function() {
                return <form>{this.props.children}</form>;
        }
});


FormComponent.Row = React.createClass({
        render: function() {
                return <fieldset>{this.props.children}</fieldset>;
        }
});


FormComponent.Label = React.createClass({
        render: function() {
                return <label htmlFor={this.props.for}>{this.props.text}
                {this.props.children}</label>;
        }
});


FormComponent.Input = React.createClass({
        render: function() {
                return <input type={this.props.type} id={this.props.id} />;
        }
});
```

```
var Form = FormComponent;
var App = (
        <Form>
                <Form.Row>
                        <Form.Label text="label" for="txt">
                                <Form.Input id="txt" type="text" />
                        </Form.Label>
                </Form.Row>
                <Form.Row>
                        <Form.Label text="label" for="chx">
                                <Form.Input id="chx" type="checkbox" />
                        </Form.Label>
                </Form.Row>
        </Form>
);


React.render(App, document.getElementById("container"));
```

一旦 JSX 转换为 JavaScript，你就能得到清单 3-8 中所示的示例。

清单 3-8　FormComponent 的 JSX 转换

```
var React = require("react");


var FormComponent = React.createClass({
        displayName: "FormComponent",

        render: function render() {
                return React.createElement(
                        "form",
```

```
                    null,
                    this.props.children
            );
        }
});


FormComponent.Row = React.createClass({
        displayName: "Row",
        render: function render() {
                return React.createElement(
                        "fieldset",
                        null,
                        this.props.children
                );
        }
});


FormComponent.Label = React.createClass({
        displayName: "Label",

        render: function render() {
                return React.createElement(
                        "label",
                        { htmlFor: this.props["for"] },
                        this.props.text,
                        this.props.children
                );
        }
```

```
  });

FormComponent.Input = React.createClass({
      displayName: "Input",

      render: function render() {
            return React.createElement("input", { type: this.props.type,
            id: this.props.id });
      }
});

var Form = FormComponent;
var App = React.createElement(
      Form,
      null,
      React.createElement(
            Form.Row,
            null,
            React.createElement(
                  Form.Label,
                  { text: "label", "for": "txt" },
                  React.createElement(Form.Input, { id: "txt",
                  type: "text" })
            )
      ),
      React.createElement(
            Form.Row,
            null,
            React.createElement(
                  Form.Label,
```

```
                                  { text: "label", "for": "chx" },
                                  React.createElement(Form.Input, { id: "chx",
                                  type: "checkbox" })
                    )
          )
);


React.render(App, document.getElementById("container"));
```

从该示例中可以学到很多，不只是关于嵌套和命名空间，还有关于 React 如何将子元素传到 `this.props.children` 上。当你在之前元素的 JSX 中引用嵌套元素时需要特别注意。如果你像下面这样创建 FormComponent，它将永远不会有嵌套的子代。

```
var FormComponent = React.createComponent({
    render: function() {
        return <form></form>;
    }
});
```

在该示例中，即使你像下面的例子中配置了渲染，它仍然会仅返回表单，因为没有引用子元素。

```
<FormComponent>
    <FormRow />
</FormComponent>
```

正如你在正确的例子中所见，获取那些元素有个简单的办法，那就是适当地使用 `this.props.children` 嵌套它们：

```
var FormComponent = React.createClass({
```

```
        render: function() {
                return <form>{this.props.children} </form>;
        }
    });
```

只要你做到这一点，有能力传入子代，你就可以像清单 3-9 所示，构建你的 React 应用程序的组件。嵌套将如你所料，一切正常。

清单 3-9　传入子代

```
var App = (
        <Form>
                <Form.Row>
                        <Form.Label text="label" for="txt">
                                <Form.Input id="txt" type="text" />
                        </Form.Label>
                </Form.Row>
                <Form.Row>
                        <Form.Label text="label" for="chx">
                                <Form.Input id="chx" type="checkbox" />
                        </Form.Label>
                </Form.Row>
        </Form>
    );
```

3.4　展开属性及其他 JSX 相关

现在你可能已经认识到 JSX 本质上是 React 的自定义模板引擎，用于编写

React 组件。它使你的应用程序更容易构造，且可以让你用户界面的代码更易读，本段概述一些关于模板需要考虑的事，还有在使用 React 与 JSX 的时候调用的其他一些特别的特性。

展开属性是从 ES6 数组和早期 ES7 规范中衍生出的概念。它们在 React 的 JSX 代码中扮演了有趣的角色，因为它们允许你添加一些属性，而你可能在最初创造组件时并不知道这些属性。举个例子，想象那个不起眼的 Hello World 应用程序，它接受参数 name，现在打招呼后需要自定义消息。这种情况下，你可以添加另一个参数叫作 message，它只会在 name 属性是那样的时候被使用。或者你可以使用展开属性，创建打招呼对象以放置 name 和 message。实际的代码如清单 3-10 所示。

清单 3-10　使用展开属性

```
var greeting = {
        name: "World",
        message: "all your base are belong to us"
};


var Hello = React.createClass({
    render: function() {
        return <div>Hello {this.props.name}, {this.props.greeting}</div>;
    }
});


React.render(<Hello {...greeting} />, document.getElementById("container"));
```

你可以看到在渲染函数中的组件上并不是被命名的属性，而你当前使用的是三个点和对象的名称，它表示展开属性。然后每个附在该对象的属性对于组件都是可用的。在 JSX 组件中使用 this.props.name 和 this.props.greeting。

与之相同的应用程序的另一版在清单 3-11 中展示。这次要注意的是它用 ES6
创建，与 JSX 组件的 JavaScript 输出稍有不同。这比使用 **React.createClass**
创建的组件更冗长一些。

清单 3-11 展开属性与 ES6

```
var greeting = {}
greeting.name = "World";
greeting.message = "All your base are belong to us.";


class Hello extends React.Component {
    render() {
        return (
                <div>Hello {this.props.name}, {this.props.message}</div>
        );
    }
}


React.render(<Hello {...greeting} />, document.getElementById("container"));
```

你可以看到用 JSX 创建简单组件的差异不是特别大。清单 3-12 显示从 ES6
模块转换成 JSX 的实际结果稍有差异。

清单 3-12 组件的转换

```
 var greeting = {};
greeting.name = "World";
greeting.message = "All your base are belong to us.";


var Hello = (function (_React$Component) {
        function Hello() {
```

```
        _classCallCheck(this, Hello);

        if (_React$Component != null) {
                _React$Component.apply(this, arguments);
        }
    }


    _inherits(Hello, _React$Component);


    _createClass(Hello, [{
        key: "render",
        value: function render() {
                return React.createElement(
                        "div",
                        null,
                        "Hello ",
                        this.props.name,
                        ", ",
                        this.props.message
                );
        }
    }]);

    return Hello;
})(React.Component);

React.render(React.createElement(Hello, greeting),
document.getElementById("container"));
```

关于展开属性的渲染方式，你可能会注意到一些令人印象深刻的事，那就是在表示展开属性的属性（props）转换组件中没有构建额外功能。

这并不是对每个使用 React 的人都有好处，但你可以看到这样更有助于简化，在 JSX 中使用添加多属性到组件而非指定每一个作为其自身属性的方式。

你是否在之前的示例中看到每个 HTML `for`、`id's` 和 `input` 类型都被明确地声明了。你可以看到输入数据是否来自 API 或 JSON 对象，使用展开属性很容易用它构成组件。如清单 3-13 所示。

在使用 JSX 构建 React 应用程序时，如果你想在你的组件上添加一些逻辑，你可能会遇到一个特殊的用例。这有点类似于 JSX 中的 `if-else` 或 `for` 循环。

清单 3-13 Input 类型和展开属性

```
var input1 = {
        "type": "text",
        "text": "label",
        "id": "txt"
};


var input2 = {
        "type": "checkbox",
        "text": "label",
        "id": "chx"
};


var Form = FormComponent;
var App = (
        <Form>
                <Form.Row>
                        <Form.Label {...input1} >
```

```
                            <Form.Input {...input1} />
                    </Form.Label>
            </Form.Row>
            <Form.Row>
                    <Form.Label {...input2}>
                            <Form.Input {...input2} />
                    </Form.Label>
            </Form.Row>
        </Form>
);
```

当渲染诸如 for 循环的项目时，你只需记住你可以在你的组件的渲染函数中写 JavaScript。清单 3-14 展示了简单循环的例子，迭代数组并向无序列表中添加列表项。你只要了解了，渲染就非常简单，不需要学习任何诀窍。

清单 3-14　JSX 中的循环

```
class ListItem extends React.Component {
        render() {
                return <li>{this.props.text}</li>;
        }
}


class BigList extends React.Component {
        render() {
                var items = [ "item1", "item2", "item3", "item4" ];
                var formattedItems = [];
                for (var i = 0, ii = items.length; i < ii; i++ ) {
                        var textObj = { text: items[i] };
                        formattedItems.push(<ListItem {...textObj} />);
                }
```

```
        return <ul>{formattedItems}</ul>;
    }
}


React.render(<BigList />, document.getElementById("container"));
```

JSX 拿到格式化过的数据项的数组，是通过调用 **ListItem** 组件并将展开属性对象传入该组件，接着它们会被添加到渲染函数所返回的无序列表中。转化的 JSX 看起来正是你所期望的，包括 **for** 循环也像其定义的那样。如清单 3-15 所示。

清单 3-15　转化后的 BigList 的 JSX

```
var ListItem = (function (_React$Component) {
        function ListItem() {
                _classCallCheck(this, ListItem);

                if (_React$Component != null) {
                        _React$Component.apply(this, arguments);
                }
        }


        _inherits(ListItem, _React$Component);


        _createClass(ListItem, [{
                key: "render",
                value: function render() {
                        return React.createElement(
                                "li",
                                null,
                                this.props.text
```

```
            );
        }
    }]);

    return ListItem;
})(React.Component);


var BigList = (function (_React$Component2) {
    function BigList() {
        _classCallCheck(this, BigList);

        if (_React$Component2 != null) {
            _React$Component2.apply(this, arguments);
        }
    }

    _inherits(BigList, _React$Component2);

    _createClass(BigList, [{
        key: "render",
        value: function render() {
            var items = ["item1", "item2", "item3", "item4"];
            var formattedItems = [];
            for (var i = 0, ii = items.length; i < ii; i++) {
                var textObj = { text: items[i] };
                formattedItems.push(React.
                createElement(ListItem, textObj));
            }
            return React.createElement(
                "ul",
```

```
                                    null,
                                    formattedItems
                        );
                }
        }]);

        return BigList;
})(React.Component);

React.render(React.createElement(BigList, null),
document.getElementById("container"));
```

使用模板语言时，另一个常用的是 **if-else** 语句。在 React 中，分为两种条件发生方式。第一，如你所想，你可以将你的 if 条件放入你 JavaScript 组件的应用程序的逻辑中，正如你在前面的循环所见。这看起来就像清单 3-16，如果用户没登录，他们会看到 "Sign In"（登录）按钮；第二，他们还能看到用户菜单。

清单 3-16　在 JSX 中使用条件句

```
var SignIn = React.createClass({
        render: function() {
                return <a href="/signin">Sign In</a>;
        }
});


var UserMenu = React.createClass({
        render: function() {
                return <ul className="usermenu"><li>Item</li><li>
                Another</li></ul>;
```

```
        }
});


var userIsSignedIn = false;
var MainApp = React.createClass({
        render: function() {
                var navElement;
                if (userIsSignedIn) {
                        navElement = <UserMenu />;
                } else {
                        navElement = <SignIn />;
                }
                return <div>{navElement}</div>;
        }
});
React.render(<MainApp />, document.getElementById("container"));
```

一旦变换为适当的 JavaScript，该示例将如清单 3-17 所示。

总之，你可以使用 JavaScript 维护你的组件。然而，如果你想将逻辑更紧密地嵌入你的组件，你可以在你的代码中使用三元操作符，如清单 3-18 所示。

清单 3-17　转化后的条件句

```
var SignIn = React.createClass({
        displayName: "SignIn",

        render: function render() {
                return React.createElement(
```

```
                            "a",
                            { href: "/signin" },
                            "Sign In"
                );
            }
        });
        var UserMenu = React.createClass({
                displayName: "UserMenu",

                render: function render() {
                        return React.createElement(
                                "ul",
                                { className: "usermenu" },
                                React.createElement(
                                        "li",
                                        null,
                                        "Item"
                                ),
                                React.createElement(
                                        "li",
                                        null,
                                        "Another"
                                )
                        );
                }
        });

        var userIsSignedIn = false;
```

```
var MainApp = React.createClass({
    displayName: "MainApp",

    render: function render() {
        var navElement;
        if (userIsSignedIn) {
            navElement = React.createElement(UserMenu, null);
        } else {
            navElement = React.createElement(SignIn, null);
        }

        return React.createElement(
            "div",
            null,
            navElement
        );
    }
});


React.render(React.createElement(MainApp, null),
document.getElementById("container"));
```

清单 3-18　在 JSX 中的三元操作符

```
var SignIn = React.createClass({
    render: function() {
        return <a href="/signin">Sign In</a>;
    }
});


var UserMenu = React.createClass({
```

```
        render: function() {
                return <ul className="usermenu"><li>Item</li><li>Another
                </li></ul>;
        }
});


var userIsSignedIn = true;
var MainApp = React.createClass({
        render: function() {
                return <div>{ userIsSignedIn ? <UserMenu /> :
                <SignIn /> }</div>;
        }
});


React.render(<MainApp />, document.getElementById("container"));
```

JSX 转化后的 JavaScript 如清单 3-19 所示。

清单 3-19　转化后的三元

```
var SignIn = React.createClass({
    displayName: "SignIn",


    render: function render() {
        return React.createElement(
            "a",
            { href: "/signin" },
            "Sign In"
        );
    }
```

```
});


var UserMenu = React.createClass({
    displayName: "UserMenu",


    render: function render() {
        return React.createElement(
            "ul",
            { className: "usermenu" },
            React.createElement(
                "li",
                null,
                "Item"
            ),
            React.createElement(
                "li",
                null,
                "Another"
            )
        );
    }
});


var userIsSignedIn = true;
var MainApp = React.createClass({
    displayName: "MainApp",


    render: function render() {
```

```
        return React.createElement(
            "div",
            null,
            userIsSignedIn ? React.createElement(UserMenu, null)
            : React.createElement(SignIn, null)
        );
    }
});

React.render(React.createElement(MainApp, null),
document.getElementById("container"));
```

3.5　小结

在本章中，你见识了 JSX 的操作。你学到了 JSX 如何从众所熟知的类 XML 语法转变而来，当创建组件和构建应用程序的时候，React 使用其所必需的 JavaScript。

你还见识了当构建应用程序时，你可以怎样将 JSX 并入你的工作流，以及当你只是开发和学习 React 时利用众多工具融入 JSX 的时机。

最后，你看见的不仅仅是如何运转，还有几个示例是关于你可以怎样使用 JSX 构建逻辑模板以及在你的 React 应用程序中嵌套元素。这一切都将有助于你理解下一章的内容，那时你将经历从线框图到最终产品的整个 React 应用程序的创建。

第 4 章

构建 React 网页应用程序

在前面 3 章中，你获得了许多 React 的信息。从 React 是什么到如何区分其与其他 JavaScript 和用户界面框架，这些为理解 React 的工作方式打下了坚实的基础，且为你介绍了 React 核心概念及其特性。如介绍了组件创建和渲染生命周期。在上一章中为你介绍了 React 世界中强有力的一员 JSX。有了 JSX，你明白了相较于纯 JavaScript 的实现，可以怎样以适当并似乎更可维护的方式简洁地创建 React 组件。

本章将展示你可以如何通过考量非 React 应用程序并打破你所需的组件来构建 React 应用程序。然后你将能够把组件分散到你需要的 React 应用程序中，你还将看到 React 所带来的价值，即使是对于不似 Facebook 或 Instagram 这样规模的应用程序也一样。

4.1 概述你的应用程序的基础功能

概述你的应用程序中将被引入 React 应用程序的基础功能有这样几种方式。一种方式是做线框图设计。如果你没有可用的网页应用程序的话这会特别有帮助，而代替方案是考虑利用强大的 React，从零开始建立应用程序的结构。

对于任何应用程序来说做线框图的过程显然很重要，但实际上可能只是对识别你应该在哪将你的应用程序分离到不同组件这一过程的辅助。

在你开始做线框图以前，对于应用程序你需要一个想法。我创建了锻炼日志，在这可以存储各种锻炼并浏览之前的历史记录。对于如何将不同框架集成到工作流中，这些项目的分类是一个非常好的示例。你的示例应用程序可能不同，但本书的目的在于，你需要按照锻炼应用程序的理念，将思维过程引入到你应用程序的头脑风暴和线框图中。

所以现在对于应用程序你有了想法。你需要找出代表该应用程序整个写照的主要功能区域。对于该锻炼应用程序，你需要一种用户认证方式，因为每个用户都会想记录她或他自己的锻炼数据。一旦用户通过验证，就应该出现一个页面或表单，可以让用户定义和分类他们要记录的锻炼。可以填一个明确的名字和一种类型，如"时间""最大重量""重复次数"。那些可以让用户存储锻炼的其他类型会在下一段探讨。当他们存储类型为时间相关的锻炼时，有个特别的表单字段可供选择，它表示记录完成工作所需时间的方式。最大重量和重复次数也有类似的特殊字段，不仅如此，特殊工作类型都有。该类型特征可以让用户在应用程序的历史记录（History）部分中分类不同的锻炼。甚至也许他们还可以为每个锻炼按时间划分不同的事。

现在你有了简版的应用程序功能大纲作为基础。你现在大概会以 React 思维来看待它，但你还需要进入将其作为线框图的下一步。

4.2 组件思维

在上一段创建的大纲中添砖加瓦，对于如何构建应用程序，你会遇到两种情况。之前提到的一种是按照应用程序的大纲创建线框图。你可以创建契合你新 React 应用程序的组件，这样你可以重新来过。另外的方法是在现有应用程序及其源码的结构的基础上将功能打散放入组件。先来看一组应用程序的线框图，然后你会看到需要重写成 React 应用程序的现有应用程序的示例。

4.2.1　线框图

在创建线框图时，你可以选择使用 Back of Napkin、MS Paint 或其他一些工具，以帮助你在描绘体验的图中表现你的想法。下面我准备打散到 React 组件的应用程序的片段。所有组件的根本是该应用，它将作为下面所有嵌套的组件的父组件。如果你选择不使用线框图，而是使用现有代码仔细分析你的应用程序，你可以大致浏览一下这一小段"重写现有应用程序"，以理解组件思维的真谛。

图 4-1 显示的登录截图是个简单验证组件。这其实是完整组件，但实际上你可以选择让其成为验证组件的两部分中的一个。

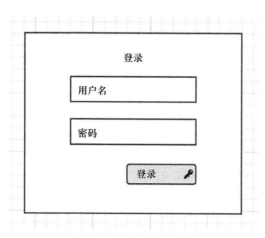

图 4-1　登录组件线框图

该登录组件不需要任何子组件，因为你可能会将该表单发给你的认证服务器去验证。可能还有其他 React 组件来弥补验证部分，那就是"创建账户"界面。

在图 4-2 所示的创建账户组件中，你可以看到它里面是个简单的表单，和登录表单类似。不同之处在于你需要密码验证组件。这样可以确保你会验证任何密码规则，然后检查第二个密码字段与第一个密码字段是否一致，以确保二者匹配。在你的应用程序中，你还可以选择包含 reCAPTCHA 或一些其他组件，它能保证创建账户的不管是谁都不会是机器人。

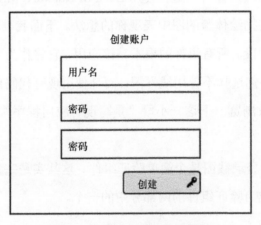

图 4-2　创建账户的组件线框图

在创建账户组件中有了密码验证子组件之后，你还需要确保输入的用户名是唯一的，并且适用于你的系统。所以你甚至可以使用 React 将该简单表单打散成更多的原子组件。如此一来你就可以维护特定功能并保持每个动作独立于你的应用程序的其他部分（如图 4-2 所示）。

应用程序线框图的下一部分是定义锻炼（如图 4-3 所示）。这至少可以分为两大组件。一旦你被认证，应用程序的每个视图都将包含一个导航菜单。该菜单实际上是个组件，它将控制应用程序被渲染的部分。导航菜单组件之后是锻炼定义组件。它将放置让你可以存储新锻炼定义的表单，就是当你准备记录你所做的锻炼时可以在之后返回的锻炼定义。该表单也是个组件，你应该要在React应用程序中创建。

在定义锻炼之后，下一部分（称为记录锻炼）仍然需要你在前面见过的导航组件（如图 4-4 所示）。与之相应的是控制你想记录的锻炼的表单和将要记录的成果。它可以是单个组件，但你可能会发现创建一个可用锻炼的下拉菜单会更好。

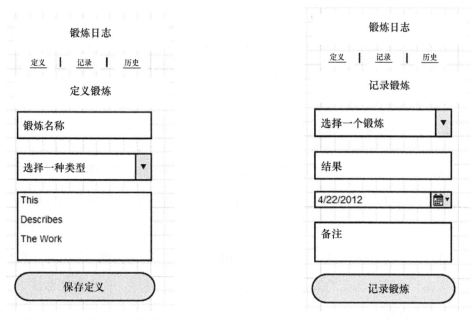

图 4-3　定义锻炼的组件线框图　　　　图 4-4　存储锻炼组件的线框图

应用程序的最后一部分是锻炼历史记录部分（如图 4-5 所示）。这一部分仍然需要导航组件，并且显示一个你所有锻炼的表单或列表，这由你选择。该表格实际是个组件，所以记住，在未来的版本中你可能会想添加子组件以扩展该组件。这个子组件可以搜索或排序历史，所以它应该针对于该功能设置适合的属性。

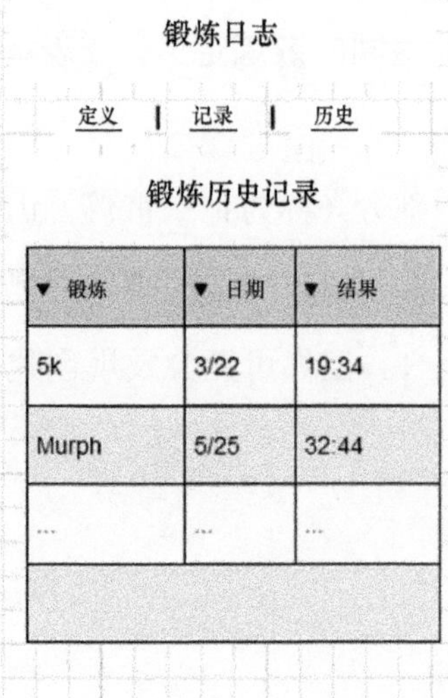

锻炼日志

定义　|　记录　|　历史

锻炼历史记录

▼ 锻炼	▼ 日期	▼ 结果
5k	3/22	19:34
Murph	5/25	32:44
...	...	...

图 4-5　锻炼历史记录组件的线框图

4.2.2　重写现有应用程序

在本段中，你会看到你可以使用 React 重写的现有应用程序。此外，第一步是确定你可以在哪创建应用程序中的组件或子组件，正如你所见的线框图示例一样。

第一部分是认证组件，由登录子组件和创建账户组件构成。如果你仔细探查清单 4-1 中示例所示的基础 HTML 和 jQuery 应用程序，你应该能够认识到你可以在哪创建组件。

清单 4-1　在你现有应用程序中关于认证的基本标签

```
<div id="signInForm" class="notSignedIn">

        <label for="username">Username:</label>

        <input type="text" id="username">

        <label for="password">Password:</label>
```

```
                <input type="text" id="password">
                <button id="signIn">Sign In</button>
        </div>
    <div id="createAccount" class="notSignedIn">
        <label for="username">Username:</label>
        <input type="text" id="username">
        <label for="password">Password:</label>
        <input type="text" id="password">
        <label for="password">Confirm Password:</label>
        <input type="text" id="confpassword">
        <button id="signIn">Create Account</button>
    </div>
```

使用 jQuery 的认证机制为

```
$("#signIn").on("click", function() {
    // do authentication
    $(".notSignedIn").hide();
    $(".signedIn").show();
});
```

你看这里很明显有两个部分。也许你可以想象像下面这样创建组件。

```
<Authentication>
        <SignIn />
        <CreateAccount />
</Authentication>
```

这恰好是在下一段要创建的组件。当然，你必须要说明实际执行认证的功能，但从最基本的层面看，该组件会是这个样子。

下一部分是导航菜单，一旦认证完成，它就可以在应用程序中通用。

```
<ul id="navMenu">
    <li><a href="#defineWorkouts">Define Workouts</a></li>
    <li><a href="#logWorkout">Log Workout</a></li>
    <li><a href="#viewHistory">View History</a></li>
    <li><a href="#logout" id="logout">Logout</a></li>
</ul>
```

该导航菜单将以 JSX 重写，使其可以轻易在需要它的每个组件中复用。应用程序的 jQuery/HTML 版本的下一部分是基本的可提交区域，它从指定的字段拿到值，然后通过单击将它们提交。举例来说，定义锻炼部分如清单 4-2 所示。

清单 4-2　HTML/jQuery 中的存储锻炼的定义

```
<div id="defineWorkouts" class="tabview">
    <label for="defineName">Define Name</label>
    <input type="text" id="defineName">
    <label for="defineType">Define Type</label>
    <input id="defineType" type="text">
    <label for="defineDesc">Description</label>
    <textarea id="defineDesc" ></textarea>
    <button id="saveDefinition">Save Definition</button>
</div>
```

另外两部分记录锻炼和锻炼历史记录除了遵循相同的表单外，还有一部分来自存储锻炼的组件（清单 4-3 和清单 4-4）。

清单 4-3　记录锻炼部分，可供选择的各种锻炼是从数据存储中取到#chooseWorkout 中的定义好的锻炼

```
<div id="logWorkout" class="tabview">
        <label for="chooseWorkout">Workout:</label>
```

```
<select name="" id="chooseWorkout">
        <!-- populated via script -->
</select>
<label for="workoutResult">Result:</label>
<!-- input based on the type of the workout chosen -->
<input id="workoutResult" type="text" />
<input id="workoutDate" type="date" />
<label for="notes">Notes:</label>
<textarea id="notes"></textarea>
</div>
```

清单 4-4 基于从数据存储取出的被记录的所有工作的锻炼历史记录

```
<div id="viewHistory" class="tabview">
        <!-- dynamically populated -->
        <ul id="history">
        </ul>
</div>
```

现在你可以看到你有了原子、亚原子或一段表示单个代码路径的代码段，可以生成用户界面组件。这的确是你所想要的，从而可将那些功能分散到它们拥有的组件中。该示例是个简单的锻炼日志应用程序。试着仔细检查你拥有的源码并通过编目为你需要创建的组件为进行重写做准备。

4.3 为你的应用创建必需的组件

在上一段中，你为确定哪些是你想拆成 React 组件的应用程序的特性而探查了线框图和现有应用程序，或者你至少直观感觉这样做更好一些。在本段中，你开始下一步，着手使用 React 代码隔离每个组件，以开始构建你的应用程序。

首先，你将创建认证组件。如线框图或代码示例的大纲那样，该组件由两个子组件（**SignIn** 和 **CreateAccount**）组成。只要你愿意，整个应用程序都可以放在一个文件里，但为保证可维护性，还是谨慎地将组件分别放在各自的文件中，并使用类似 browserify 或 webpack 这样的工具，以模块化这些文件。首先是 **signin.jsx** 文件，接着是 **createaccount.jsx**（清单 4-5 和清单 4-6）。

清单 4-5　文件 signin.jsx

```
var React = require("react");

var SignIn = React.createClass({
    render: function() {
        return (
            <div>
                <label htmlFor="username">Username
                <input type="text" id="username" />
                </label>
                <label htmlFor="password">Password
                <input type="text" id="password" />
                </label>
                <button id="signIn" onClick={this.props.onAuthComplete.bind
                (null, this._doAuth)}>Sign In</button>
            </div>
        );
    },


    _doAuth: function() {
```

```
            return true;
        }
});


module.exports = SignIn;
```

清单 4-6 文件 createaccount.jsx

```
var React = require("react");


var CreateAccount = React.createClass({
    render: function() {
        return (
            <div>
            <label htmlFor="username">Username:
                <input type="text" id="username" />
            </label>
            <label htmlFor="password">Password:
                <input type="text" id="password" />
            </label>
            <label htmlFor="password">Confirm Password:
                <input type="text" id="confpassword" />
            </label>
            <button id="signIn" onClick={this.props
            .onAuthComplete.bind( null, this._
            createAccount)}>Create Account</button>
            </div>
        );
    },


    _createAccount: function() {
```

```
            // do creation logic here
            return true;
        }
});
```

```
module.exports = CreateAccount;
```

这两个组件都是简单的 JSX 标签，看起来和前面段落中 jQuery 与 HTML 应用程序中所创建的类似。不同之处在于你不会再看到使用 jQuery 绑定按钮。这里有一个 onClick 绑定稍后会调用 **this.props.onAutoComplete** 的引用。它看起来可能有点奇妙，但只要你看看父应用组件就会明白，它将表示认证状态是如何被每个子组件处理的。清单 4-7 提供了一个简单的组件（Authentication），它包括两个认证子组件。这些子组件已经被定义在文件中了，所以是可用的，我们通过使用 module.exports 导出组件对象。module.exports 是 CommonJS 的机制，它让你可以导出你定义的对象。只要在之后的模块中使用 require()载入对象，你就可以访问它了。

清单 4-7　文件 auth.jsx

```
var React = require("react");
var SignIn = require("./signin.jsx");
var CreateAccount = require("./createaccount.jsx");

var Authentication = React.createClass({
        render: function() {
                return (
                        <div>
                                <SignIn onAuthComplete={this.props.
                                onAuthComplete}/>
```

```
                <CreateAccount onAuthComplete={this.props.

                onAuthComplete}/>

            </div>

        );

    }

})


module.exports = Authentication;
```

现在你有了认证，并且它由两个子组件（**SignIn** 和 **CreateAccount**）组成。从这里开始你需要应用程序的下一个主要组成，即在你认证应用程序之后所发生的一切。此外，该过程将分布在适当的组件中，每个都被其自身模块所包含（清单 4-8）。

清单 4-8　文件 navigation.jsx

```
var React = require("react");


var Navigation = React.createClass({
    render: function() {
        return (

            <ul>

                    <li><a href="#" onClick={this.props.onNav.bind(null,
                    this._nav("define"))}>Define A Workout</a></li>
                    <li><a href="#"onClick={this.props.onNav.bind(null,
                    this._nav("store"))}>Record A Workout</a></li>
                    <li><a href="#"onClick={this.props.onNav.bind(null,
                    this._nav("history"))}>View History</a></li>
                <li><a href="#" onClick={this.props.onLogout}>Logout
```

```
                </a></li>
            </ul>
        );
    },
    _nav: function( view ) {
            return view;
    }
});
```

```
module.exports = Navigation;
```

清单 4-8 展示了导航组件。你会注意到在每个导航元素上都绑定了 **onClick** 事件。如果退出，就通过将导航组件传入作为属性来调用退出机制，该示例展示了你可以怎样在局部设置一个值，并传入父组件。可以通过在_nav 函数中设置数值来实现。一旦将其写入，你就会在父组件中看到其引用。现在你需要创建模块和组件，用于定义、存储和浏览你的锻炼历史。如清单 4-9～清单 4-11 所示。

组件 **DefineWorkout** 只是个简单输入框和保存锻炼按钮。如果你想通过 API 在数据存储中加上钩子，你应该为保存锻炼按钮添加 **onClick** 函数，以在适当的位置存储数据。

清单 4-9　文件 define.jsx

```
var React = require("react");

var DefineWorkout = React.createClass({
    render: function() {
            return (
```

```jsx
            <div id="defineWorkouts" >
                  <h2>Define Workout</h2>
              <label htmlFor="defineName">Define Name
                    <input type="text" id="defineName" />
              </label>
              <label htmlFor="defineType">Define Type
                  <input id="defineType" type="text" />
              </label>
              <label htmlFor="defineDesc">Description</label>
              <textarea id="defineDesc" ></textarea>
              <button id="saveDefinition">Save Definition</button>
          </div>
      );
      }
});


module.exports = DefineWorkout;
```

清单 4-10　文件 store.jsx

```jsx
var React = require("react");


var Option = React.createClass({
      render: function() {
              return <option>{this.props.value}</option>;
      }
});
var StoreWorkout = React.createClass({
      _mockWorkouts: [
```

```
        {
            "name": "Murph",
            "type": "fortime",
            "description": "Run 1 Mile \n 100 pull-ups \n 200
             push-ups \n 300 squats \n Run 1 Mile"
        },
        {
            "name": "Tabata Something Else",
            "type": "reps",
            "description": "4 x 20 seconds on 10 seconds off for
            4 minutes \n pull-ups, push-ups, sit-ups, squats"
        }
    ],

    render: function() {

        var opts = [];
        for (var i = 0; i < this._mockWorkouts.length; i++ ) {
                opts.push(<Option value={this._mockWorkouts[i]
                .name} />);
        }
        return (

                <div id="logWorkout" class="tabview">
                        <h2>Record Workout</h2>
                        <label htmlFor="chooseWorkout">Workout:</label>
                        <select name="" id="chooseWorkout">
                                {opts}
```

```
            </select>
            <label htmlFor="workoutResult">Result:</label>
         <input id="workoutResult" type="text" />
         <input id="workoutDate" type="date" />
            <label htmlFor="notes">Notes:</label>
            <textarea id="notes"></textarea>
            <button>Store</button>
      </div>
      );
   }
});


module.exports = StoreWorkout;
```

StoreWorkout 又是一个放置简单表单输入框的组件，它可以帮助你记录你的锻炼。有趣的是<select/>标签是由现有锻炼模拟数据动态生成的。该标签放置在 DefineWorkout 组件上你所定义的锻炼中。

清单 4-11　文件 history.jsx

```
var React = require("react");


var ListItem = React.createClass({
      render: function() {
            return <li>{this.props.name} - {this.props.result}</li>;
      }
});


var History = React.createClass({
      _mockHistory: [
```

```
        {
            "name": "Murph",
            "result": "32:18",
            "notes": "painful, but fun"
        },
        {
            "name": "Tabata Something Else",
            "type": "reps",
            "result": "421",
            "notes": ""
        }
    ],


    render: function() {
        var hist = this._mockHistory;
        var formatedLi = [];
        for (var i = 0; i < hist.length; i++) {
            var histObj = { name: hist[i].name, result:
            hist[i].result };
            formatedLi.push(<ListItem {...histObj} />);
        }
        return (
            <div>
                <h2>History</h2>
                <ul>
                    {formatedLi}
                </ul>
            </div>
        );
    }
```

```
});
```

```
module.exports = History;
```

`History` 也会采用模拟数据，并将其添加到 `<ListItem/>` 组件的 `formattedLi` 数组的表单中的应用程序表现层上。在你把所有这些组件放在一起运行之前，让我们先停下来思考一下测试 React 应用程序需要什么。

4.4 测试你的应用程序

React 可以很容易地在你的应用程序中集成测试框架，这要归因于 `React.addons.testUtils` 上的 React 的插件 `testUtils`。本节将概述该测试套件。使用插件你肯定需要调用 `require("react/ addons")` 获取 React 插件，或者从 `<script src="https://fb.me/react-with-addons-0.13.3.js"\>
</script>` 上 Facebook 的 CDN 获得 React 插件。

4.4.1 Simulate

Simulate 方法将利用被模仿的事件让你可以伪造 React 应用程序中的交互。Simulate 的方法签名如下：

```
React.addons.TestUtils.Simulate.{eventName}(DOMElement, eventData)
```

`DOMElement` 是一个元素，而 `eventData` 是一个对象。举例来说是这样的：

```
var node = React.findDOMNode(this.refs.input);
React.addons.TestUtils.Simulate.click(node);
```

4.4.2 renderIntoDocument

renderIntoDocument 拿到组件后将其在文档内的 DOM 节点中渲染。由于该方法是在 DOM 中渲染的，所以 DOM 对于该方法是必需的。因此如果你在 DOM 外测试，你将无法使用该方法。

4.4.3 mockComponent

该方法允许你创建伪 React 组件。除非你利用传入对象中可选的 mockTagName 参数，否则这就是个简单的 <div>。当你想创建组件并在你的测试场景中添加可用的方法时，这是种特别实用的用法。

4.4.4 isElement

该函数仅返回布尔值，表示目标 React 元素是否为真正的元素。

isElement(ReactElement element)

4.4.5 isElementOfType

该方法可传入一个 React 元素和一个组件类函数，且如果你提供的元素是所传组件类 componentClass 的类型时，就会返回 True。

isElementOfType(element, componentClass)

4.4.6 isDOMComponent

该方法布尔值用以确定 React 组件的实例是否为 DOM 元素，比如<div>或<h1>。

4.4.7　isCompositeComponent

这是另一个布尔检验,如果所提供的 React 组件是混合组件时就返回 True,也就是它是由 `React.createClass` 或在 ES6 扩展 `ReactComponent` 中创建的。

4.4.8　isCompositeComponentWithType

与 `isCompositeComponent` 类似, 该方法会检查 `ReactComponent` 实例并与传入方法 `componentClass` 进行比较。如果实例和所提供类的类型匹配,那就返回 True。

4.4.9　findAllInRenderedTree

该方法返回一个组件的数组,它由树形结构或基础组件中已有的组件组成。而这些组件由那些在该方法中测试为 True 的函数所提供。

```
findAllInRenderedTree( tree, test )
```

4.4.10　scryRenderedDOMComponentsWithClass

该方法在渲染树中查找 DOM 组件, 比如匹配 `className` 的`<span>`。

```
scryRenderedDOMComponentsWithClass( tree, className)
```

4.4.11　findRenderedDOMComponentsWithClass

该方法类似于 scryRenderedDOMComponentsWithClass,唯一的不同是所期望的结果是单个组件,而不是数组。也就是说如果返回多于一个组件会报错。

4.4.12　scryRenderedDOMComponentsWithTag

从树形组件中返回一个数组，并且匹配所有共享相同 tagName 的实例。

```
scryRenderedDOMComponentsWithTag( tree, tagName)
```

4.4.13　findRenderedDOMComponentsWithTag

与上一个方法类似，此外它还会期望单个结果而不是数组。如果多余一个结果被返回，该方法将报错。

4.4.14　scryRenderedComponentsWithType

与前面的例子相似，但比较的是提供给该方法的 componentClass 函数。

```
scryRenderedComponentsWithType( tree, componentClass )
```

4.4.15　findRenderedComponentsWithType

如同前面的方法，还是只期望单个结果，如果多于一个结果被找到就报错。

你可以获取所有这些方法并利用它们增加你测试工具的选择。对于 Facebook，这个工具是 Jest。为了在你的机器上设置 Jest，可以很容易地使用 npm，如下：

```
npm install jest-cli –save-dev
```

一旦安装完毕，你就可以更新应用程序的 package.json，以写入测试框架的名称。

```
{
    ...
    "scripts": {
```

114

```
        "test": "jest"
    }
    ...
}
```

现在每次你执行 **npm test**，在**__tests__**文件夹中的测试都会被执行。测试可以以请求模块的方式构建，然后你可以在上述模块中执行测试。对于 **SignIn** 组件的测试如下所示。

```
jest.dontMock("../src/signin.jsx");


describe("SignIn", function() {
        it("will contain a Sign In button to submit", function() {
                var React = require("react/addons");
                var SignIn = require("../src/signin.jsx");
                var TestUtils = React.addons.TestUtils;

                var signin = TestUtils.renderIntoDocument(
                        <SignIn />;
                );

                var username = TestUtils.findRenderedDOMComponentWithTag(
                signin, "button" );

                expect( username.getDOMNode().textContent).equalTo("Sign In");
        });
});
```

可以看到，在构建应用程序测试套件时，你可以使用 React 插件中的 **TestUtils** 编写测试，它可以让你对测试进行断言。

4.5　运行你的应用程序

在本段中，你会把你已创建的所有组件拼装到可工作的应用程序中。现在整合每一个组件。这种情况下，你会使用 browserify 来链接你的脚本，它们由 CommonJS 模块模块化。当然你可以把它们整合到一个文件中，你也可以在 ES6 模块中编写，就像清单 4-12。

同样，你也可以用 ES6 创建你的应用程序，但该示例的应用程序将使用已被编写在 `React.createClass()` 中的源码装配。

清单 4-12　ES6 模块的 signin.jsx

```
var React = require("react");


class SignIn extends React.Component {
        constructor(props) {
                super(props);
        }
        render() {
                return (

                        <div>
                        <label htmlFor="username">Username
                                <input type="text" id="username" />
                        </label>
                        <label htmlFor="password">Password
                                <input type="text" id="password" />
                        </label>
```

```
                           <button id="signIn" onClick={this.props.
                           onAuthComplete.bind( null,
                           this._doAuth)}>Sign In</button>
                           </div>
                    );
        }
        _doAuth() {
                return true;
        }

}

module.exports = SignIn;
```

首先需要的就是核心文件 **app.jsx**，它会包含代码并充当应用程序的主要入口。该文件应该包含构建应用程序所必需的组件。因此，你马上就会需要构建主应用程序和认证模块。

```
var React = require("react");
var Authentication = require("./auth.jsx");
var WorkoutLog = require("./workoutlog.jsx");

var App = React.createClass({
        getInitialState: function() {
                return { signedIn: false }
        },

        render: function() {
                return (
                        <div>{ this.state.signedIn ? <WorkoutLog
```

```
                        onLogout={this._onLogout} /> : <Authentication
                        onAuthComplete={this._onAuthComplete}/> }</div>
                );
        },


        _onAuthComplete: function( result ) {
                // let the child auth components control behavior here
                if (result()) {
                        this.setState( { signedIn: true } );
                }
        },


        _onLogout: function() {
                this.setState( { signedIn: false } )
        }


})
React.render(<App/>, document.getElementById("container"));
```

这是个单一组件，它实现 **Authentication** 和 **WorkoutLog** 组件。还有个单状态（single-state）参数用于表示用户是否登录，如你之前所见，它从子组件通过属性传入。**SignIn** 组件绑定按钮的单击事件，然后这会使用_onAuthCompete 函数共享单击的结果。这和_onLogout 在 **WorkoutLog** 组件的导航菜单中的处理一样。

说到 WorkoutLog 组件，现在是时候来看看它了，它由剩下的组件组成（清单 4-13）。

清单 4-13 文件 workoutlog.jsx

```
var React = require("react");
```

```
var Nav = require("./navigation.jsx");
var DefineWorkout = require("./define.jsx");
var StoreWorkout = require("./store.jsx");
var History = require("./history.jsx");


var WorkoutLog = React.createClass({
        getInitialState: function() {
                return { view: "define" };
        },


        render: function() {
                return (
                        <div>
                                <h1>Workout Log</h1>
                                <Nav onLogout={this.props.onLogout}
                                onNav={this._onNav}/>
                                {this.state.view === "define" ?
                                <DefineWorkout /> : "" }
                                {this.state.view === "store" ?
                                <StoreWorkout /> : "" }
                                {this.state.view === "history" ?
                                <History /> : "" }
                        </div>
                );
        },


        _onNav: function( theView ) {
                this.setState( { view: theView });
        }
```

```
});
```

```
module.exports = WorkoutLog;
```

WorkoutLog 组件包含了 Nav，它会被传入 onLogout 的属性，以控制组件<App>的状态。<Define Workout/>、<Store Workout/>和<History/>组件都是可用的，但渲染机制的可见性由 state.view 控制，它是在 WorkoutLog 组件层面维护的唯一状态参数。当组件中的链接被单击时会设置该状态。只要你所有的路径正确，你就使用以下这一命令：

```
$ watchify -t babelify ./src/app.jsx -o ./dist/bundle.js –v
```

其结果是被归拢到 bundle.js 中。你将可以导航至 index.html（或者其他你对于 HTML 文档的命名），并查看你的可工作 React 应用程序。恭喜！

4.6　小结

在本章中，你了解了从概念化到 React 网页应用程序的最终形态的过程。这包括了利用线框图表示想法以形象化你应用程序中要分离的组件，还可以为重写 React 做准备而剖析现有应用程序。

接下来你看到了如何真正地利用 CommonJS 模块的方式创建那些组件，以保持组件独立性和维护性。最后你将它们都整合到了可工作的应用程序中。

在下一章中，你将遇到一些互补工具，它们会帮助你进一步了解 React 开发。现在，你已经成功地构建了 React 应用程序，并沉浸在 React 开创的 Web 开发世界的新视野中了。

介绍 React 的应用程序架构

本书前四章介绍了 React,它是用于创建用户界面的 JavaScript 框架,由 Facebook 工程师团队出品。看起来你已经有了足够的知识点来使用 React 创建强健的用户界面,并在你新的或现有的应用程序框架中实现 React 了。无论如何,React 的生态系统中并不仅仅只有 React。它们中的一员就是 Flux,这是一个 Facebook 创建的应用程序框架,用来辅助 React 代替标准模型-视图-控制器(MVC)框架。这倒不是因为目前 MVC 有什么问题,而是因为当你开始使用 React 构建应用程序并将你应用程序的逻辑拆分到组件中时,你会发现典型 MVC 这类框架不会像 Flux 这样高效且可维护,它使用 React 的思维设计,还可以在不增加维护成本的前提下扩展你的应用程序。

本章将概述 Flux 是什么,以及 Flux 怎样入手,还有探索 Flux 和 React 如何协作。在后续章节中,在使用 Flux 构建应用程序前,你会先熟悉 Flux 的概念。

5.1 Flux 是什么以及为什么它和经典 MVC 框架不同

Flux 为 React 而生。这是一个避开了多向数据流和绑定概念的应用程序架构。取而代之的是其提出的单向数据流，在 React 中就是用户界面的中间层。举个更好的例子，让我们检视典型 MVC 框架，看看在试图扩展应用程序超过其本身设计规模时出现的问题。

在图 5-1 中，你可以看到从行为开始经过控制器直到模型的指向。

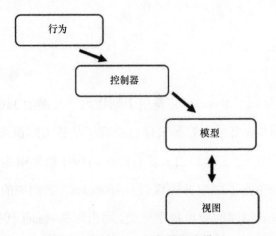

图 5-1　典型 MVC 框架数据流模型

该模型与视图可以前后交换数据。这是相对清楚的，但如果你添加一些额外的模型和视图会发生什么呢？它会稍微变得复杂一些，但仍然可以处理，如图 5-2 中所述。

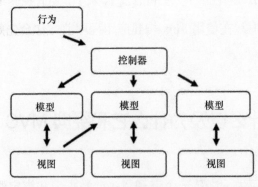

图 5-2　添加到 MVC 数据模型的额外模型和视图

这样无疑会更复杂，因为一些多视图和模型甚至会将数据相互共享。无论如何，该结构在拥有如此多模型和视图之前并非完全难以控制，你可以不再追踪简单模型图中的依赖，更不用指出模型和视图在其本身的代码中是如何相互影响的。

当其开始变得难以控制时你可以看到类似于第一次导致我们转向 React 的相同场景。那些依赖的嵌套与连接让你有了更多机会，以放弃追踪特殊变量或关系。这意味着更新单个模型或视图对于未知的相关视图是有害的。这样并不好，也不容易维护，它会增加你的开发时间，或者导致几个 bug，比如差劲的用户体验甚至无限更新的循环。而这就是 Flux 的益处，特别是在你有许多模型和视图时。

在最基础的层面，如图 5-3 中，Flux 使用了行为（action）、分派（dispatch）、存储仓（store）和视图（view）层。

这就是数据流如何通过 Flux 应用程序的基础结构。数据流的初始状态来自行为。该行为被转移到分派器。

Flux 应用程序中的分派器类似交通主管。该分派器会确保数据流经应用程序，而不会导致任何你可能在配置许多模型和视图的 MVC 中看到的级联效应。该分派器还必须确保行为以其到达的顺序执行，从而为全速前进提供条件。

存储仓接收分派器的每个行为。只要一个行为被存储，所有行为就都无法进入存储仓，直到存储仓完成当前行为的进程。然后只要存储仓表明数据被改变，视图就会响应存储仓。

视图本身可以通过实例化另一行为提供该数据流，然后它会传入分派器，经过存储仓，最后返回视图，如图 5-4 所示。

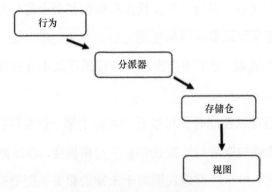

图 5-3 基本 Flux 数据流

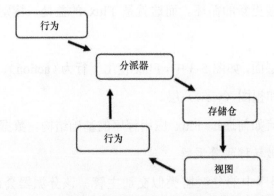

图 5-4 Flux 使用视图创建其本身的行为并传入分派器

你可能感到惊讶,该数据流的视图组件在 React 引入 Flux 的地方。好吧,确切地说是 React 引入 Flux 模型的地方。你可能会想到你的应用程序中基于从数据模型存储部分转移来的数据所渲染的那些 React 组件。

视图本身所创建的行为怎么样呢?React 是如何创建行为并发给分派器的?这可以简单地认为是用户界面导致的。举例来说,如果我有一个聊天应用程序,想要过滤好友列表或类似的什么,React 会创建新的行为作为我与一部分组件的交互,然后那些行为会传到分派器去初始化另外的 Flux 进程,如图 5-5 所示。

图 5-5 展示了整个 Flux 架构的生命周期。从数据 API 的一些分类开始，然后发送信息或数据到行为创建器。恰如其名，行为创建器创建行为传入分派器。然后分派器护送那些行为和过滤器到存储仓。存储仓处理行为并把它们推送到视图层，也就是我们这里的 React 组件集合。然后这些 React 组件就有了用户界面，把它们的事件或活动传给行为创建器，以继续该过程。下面你将会看到更多关于那些 Flux 组件翔实的解析。

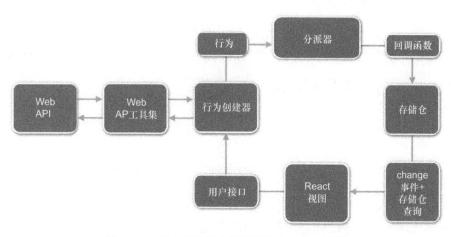

图 5-5　包括来自数据存储调用的全部 Flux 架构

5.2　Flux 基础组件

Flux 由四个主要组件组成，或者至少可以被当作核心概念。正如你在前面的段落所学的，它们是分派器（dispatcher）、存储仓（store）、行为（action）和视图（view）。下面的段落会详细讲解它们。

5.2.1 分派器

分派器是 Flux 应用程序的数据流中心,即它控制流入 Flux 应用程序存储仓的数据。这样做是因为存储仓创建与分派器关联的回调函数,所以分派器服务于放置其中的那些回调函数。应用程序中每个存储仓都创建一个回调函数,并在分派器中注册。当行为创建器向分派器发送新行为时,分派器会确保所有注册了的存储仓通过其所提供的回调函数获得行为。

实际上,分派器通过回调函数分派行为到存储仓的能力对于大规模应用程序是必不可少的,因为成功回调函数的关键在于其以指定顺序执行。而且存储仓可以明确地在其他存储仓更新自身之前等待它们完成更新。

5.2.2 存储仓

存储仓包含 Flux 应用程序的逻辑和状态。你可能想到了那些作为在传统 MVC 应用程序中必不可少的模型。前者与后者的差别在于前者取代单个数据结构的表现,比如传统模型,Flux 中的存储仓实际上可以表现许多对象的状态管理。在你的 Flux 应用程序中,这些对象代表特定领域的子集。

存储仓会在分派器中注册自己,并为之提供回调函数,就像前面提到的那样。这个将被传入的回调函数有一个参数是行为,通过分派器传给它。根据行为的类型,该回调函数还会包含分支语句,以使在存储仓中的函数或方法内部包含适当的代理。这样可以让存储仓通过分派器提供行为更新状态。存储仓就必须广播该状态被改变指令的事件,从而使视图可以获取新的状态并更新应用程序的渲染。

5.2.3 行为

行为实际上是被分派到存储仓的数据的任意形式。你会在本章看到使用

Flux 架构的行为和行为创建器的简易 TODO 应用程序的基础示例。

5.2.4 视图

视图层是 React 与该架构的接壤处。在创建 Flux 应用程序时 React 特别有用，使用它可渲染 DOM 并最小化复杂 DOM 更新。但 React 并不仅仅是其本身的视图。实际上，React 在视图层级的最高层可以作为控制器视图的分类，它可以控制用户界面并渲染应用程序的任何特定子集。

当视图或控制器视图从存储仓接受到事件，它首先会确认其通过使用存储仓 getter 方法拿到的是最新数据。然后它会使用 setState()或 forceUpdate()，以便让 render()恰好进入 DOM。一旦这些都发生，控制器视图会渲染所有它支配的子代。

把应用程序的状态传到控制器视图及其子代视图的普通图表是作为单个对象传入整个状态的。这样会带来两个好处。首先你可以看到达视图层所有地方的状态，因此使你可以作为一体来管理它。其次它会减少你需要传递和维护的属性总数，尤其是让你的应用程序可以更易于维护。

5.2.5 如何集成 React 和 Flux

现在你对 Flux 和 React 如何协作以及如何使用它们有了基本的认识，本章剩下的部分将集中在简单的 TODO 应用程序上。正如前面的章节介绍 React 所关注过的 TodoMVC.com，在后面的章节开始更复杂的聊天应用程序之前，本章会讲解使用 Flux 的基本 TodoMVC 应用程序。

你前面见过把所有 JavaScript 资源放入一个 bundle.js 文件中，该 HTML 和你前面所见类似。接着，你可以在路径 https://github.com/facebook/flux.git and navigate to theexamples/ flux-todomvc 克隆 Flux 知识库。

然后你就可以使用 **npm install** 和 **npm start** 命令，以及把你的浏览器导航到 **index.html** 文件查看示例了。那些命令所做的就是使用 **npm** 安装 Flux 示例的依赖。这包括 Flux 的 **npm** 包，它不是个框架，只是包含分派器和其他模块，可以让 Flux 架构正确地运作。

■ **注意**：清单 5-1～清单 5-10 中所示的代码是得到 Facebook 的 BSD 许可的。

清单 5-1　TodoMVC 和 Flux 的 index.html

```
<!doctype html>
<html lang="en">
  <head>
    <meta charset="utf-8">
    <title>Flux • TodoMVC</title>
    <link rel="stylesheet" href="todomvc-common/base.css">
    <link rel="stylesheet" href="css/app.css">
  </head>
  <body>
    <section id="todoapp"></section>
    <footer id="info">
      <p>Double-click to edit a todo</p>
      <p>Created by <a href="http://facebook.com/bill.fisher.771">Bill
      Fisher</a></p>
      <p>Part of <a href="http://todomvc.com">TodoMVC</a></p>
    </footer>
    <script src="js/bundle.js"></script>
  </body>
</html>
```

主启动文件 **bundle.js** 文件是基于清单 5-2 中的 **app.js** 文件。该文件请求（require）React，且包含 **TodoApp.react** 模块的引用，它是 **TODO** 应用程序的主要组件。

清单 5-2 TodoMVC 应用程序的主要入口 app.js 文件

```
var React = require('react');


var TodoApp = require('./components/TodoApp.react');


React.render(
  <TodoApp />,
  document.getElementById('todoapp')
);
```

如清单 5-3 所示，**TodoApp.react.js** 模块请求 Flux 模块的 **Footer**、**Header** 和 **MainSection** 组件。另外，你还能看到 **stores/TodoStore** 模块的介绍。

清单 5-3 Todoapp.js：TodoMVC 的 Flux 应用程序的控制器—视图

```
var Footer = require('./Footer.react');
var Header = require('./Header.react');
var MainSection = require('./MainSection.react');
var React = require('react');
var TodoStore = require('../stores/TodoStore');


/**
 * Retrieve the current TODO data from the TodoStore
 */
function getTodoState() {
  return {
```

```
    allTodos: TodoStore.getAll(),
    areAllComplete: TodoStore.areAllComplete()
  };
}


var TodoApp = React.createClass({


  getInitialState: function() {
    return getTodoState();
  },


  componentDidMount: function() {
    TodoStore.addChangeListener(this._onChange);
  },


  componentWillUnmount: function() {
    TodoStore.removeChangeListener(this._onChange);
  },


  /**
   * @return {object}
   */
  render: function() {
      return (
    <div>
      <Header />
      <MainSection
        allTodos={this.state.allTodos}
```

```
        areAllComplete={this.state.areAllComplete}
      />
      <Footer allTodos={this.state.allTodos} />
    </div>
      );:
},
/**
 * Event handler for 'change' events coming from the TodoStore
 */
_onChange: function() {
  this.setState(getTodoState());
}


});:


module.exports = TodoApp;
```

MainSection 组件如清单 5-4 所示，见名知意，该组件控制 TODO 应用程序
的主要部分。注意，它还包含 **TodoActions** 模块的优先引用，你会在本例稍
后看到该组件。除此之外，你还将看到 React 组件。它会渲染主要部分，以及
操纵一些 React 属性插入 **TodoItems**，就像你在前面章节所见的那些非 Flux
的基于 React 的 **TodoMVC** 应用程序。

清单 5-4 MainSection.js 模块

```
var React = require('react');
var ReactPropTypes = React.PropTypes;
var TodoActions = require('../actions/TodoActions');
var TodoItem = require('./TodoItem.react');
```

```
var MainSection = React.createClass({

  propTypes: {
    allTodos: ReactPropTypes.object.isRequired,
    areAllComplete: ReactPropTypes.bool.isRequired
  },

  /**
   * @return {object}
   */
  render: function() {
    // This section should be hidden by default
    // and shown when there are TODOs.
    if (Object.keys(this.props.allTodos).length < 1) {
      return null;
    }

    var allTodos = this.props.allTodos;
    var todos = [];

    for (var key in allTodos) {
      todos.push(<TodoItem key={key} todo={allTodos[key]} />);
    }

    return (
      <section id="main">
        <input
```

```
      id="toggle-all"
      type="checkbox"
      onChange={this._onToggleCompleteAll}
      checked={this.props.areAllComplete ? 'checked' : ''}
    />
      <label htmlFor="toggle-all">Mark all as complete</label>
      <ul id="todo-list">{todos}</ul>
    </section>
  );
},


  /**
   * Event handler to mark all TODOs as complete
   */
  _onToggleCompleteAll: function() {
    TodoActions.toggleCompleteAll();
  }


});


module.exports = MainSection;
```

TodoItems 组件（清单 5-5）与该应用程序的非 Flux 版本非常相似。注意，正如 **MainSection** 中那样，事件绑定到了 DOM 上是立刻连接到 **TodoActions** 函数中（示例中的粗体文字所示）。这可以把行为绑到 Flux 数据流上，并适当地从分派器传播到存储仓，最终到达视图。在 Header（清单 5-7）和 Footer（清单 5-6）中会发现和绑定到 **TodoActions** 的类似组件。

清单 5-5　TodoItem.react.js

```
var React = require('react');

var ReactPropTypes = React.PropTypes;

var TodoActions = require('../actions/TodoActions');

var TodoTextInput = require('./TodoTextInput.react');


var cx = require('react/lib/cx');


var TodoItem = React.createClass({


  propTypes: {
   todo: ReactPropTypes.object.isRequired
  },


  getInitialState: function() {
    return {
      isEditing: false
    };
  },


  /**
   * @return {object}
   */

  render: function() {
    var todo = this.props.todo;


    var input;
```

```
  if (this.state.isEditing) {
    input =
      <TodoTextInput
        className="edit"
        onSave={this._onSave}
        value={todo.text}
      />;
  }


// List items should get the class 'editing' when editing
// and 'completed' when marked as completed.
// Note that 'completed' is a classification while 'complete' is a state.
// This differentiation between classification and state becomes important
// in the naming of view actions toggleComplete() vs. destroyCompleted().
return (
  <li
    className={cx({
      'completed': todo.complete,
      'editing': this.state.isEditing
    })}
    key={todo.id}>
    <div className="view">
      <input
        className="toggle"
        type="checkbox"
        checked={todo.complete}
        onChange={this._onToggleComplete}
      />
```

```
              <label onDoubleClick={this._onDoubleClick}>
                {todo.text}
              </label>
                <button className="destroy" onClick={this._onDestroyClick} />
          </div>
          {input}
        </li>
    );
  },


  _onToggleComplete: function() {
    TodoActions.toggleComplete(this.props.todo);
  },


  _onDoubleClick: function() {
    this.setState({isEditing: true});
  },


  /**
   * Event handler called within TodoTextInput.
   * Defining this here allows TodoTextInput to be used in multiple places
   * in different ways.
   * @param {string} text
   */
  _onSave: function(text) {
    TodoActions.updateText(this.props.todo.id, text);
    this.setState({isEditing: false});
  },
```

```
  _onDestroyClick: function() {
    TodoActions.destroy(this.props.todo.id);
  }

});


module.exports = TodoItem;
```

清单 5-6　footer.react.js

```
var React = require('react');
var ReactPropTypes = React.PropTypes;
var TodoActions = require('../actions/TodoActions');


var Footer = React.createClass({

  propTypes: {
    allTodos: ReactPropTypes.object.isRequired
  },

  /**
   * @return {object}
   */
  render: function() {
    var allTodos = this.props.allTodos;
    var total = Object.keys(allTodos).length;

    if (total === 0) {
```

```
      return null;
    }


var completed = 0;
for (var key in allTodos) {
  if (allTodos[key].complete) {
    completed++;
  }
}


var itemsLeft = total - completed;
var itemsLeftPhrase = itemsLeft === 1 ? ' item ' : ' items ';
itemsLeftPhrase += 'left';


// Undefined and thus not rendered if no completed items are left.
var clearCompletedButton;
if (completed) {
  clearCompletedButton =
    <button
      id="clear-completed"
      onClick={this._onClearCompletedClick}>
      Clear completed ({completed})
    </button>;
}


    return (
  <footer id="footer">
    <span id="todo-count">
```

```
          <strong>
            {itemsLeft}
          </strong>
          {itemsLeftPhrase}
        </span>
        {clearCompletedButton}
      </footer>
    );
  },


  /**
   * Event handler to delete all completed TODOs
   */
  _onClearCompletedClick: function() {
    TodoActions.destroyCompleted();
  }


});
module.exports = Footer;
```

清单 5-7　header.react.js

```
var React = require('react');
var TodoActions = require('../actions/TodoActions');
var TodoTextInput = require('./TodoTextInput.react');


var Header = React.createClass({


  /**
```

```
 * @return {object}
 */
render: function() {
  return (
    <header id="header">
      <h1>todos</h1>
      <TodoTextInput
        id="new-todo"
        placeholder="What needs to be done?"
        onSave={this._onSave}
      />
    </header>
  );
},


/**
 * Event handler called within TodoTextInput.
 * Defining this here allows TodoTextInput to be used in multiple places
 * in different ways.
 * @param {string} text
 */
_onSave: function(text) {
  if (text.trim()){
    TodoActions.create(text);
  }

}
```

```
});
```

```
module.exports = Header;
```

现在你看到了 React 组件如何向 **TodoActions** 模块发送事件或行为，你可以仔细想想 **TodoActions** 模块在该示例中看起来像什么。它是个依附于 **AppDispatcher** 的带有方法的简单对象（清单 5-8）。

清单 5-8　appdispatcher.js

```
var Dispatcher = require('flux').Dispatcher;
```

```
module.exports = new Dispatcher();
```

如你在前面的例子中所见，**AppDispatcher** 是个简单的 Flux 分派器实例。来看看清单 5-9 所示的 **TodoActions** 函数中每个 **AppDispatcher** 所做的事。它们调用了 **dispatch** 函数，传入一个对象用于描述从分派器 **AppDispatcher.dispatch(**/对象描述分派/**)** 所分派的是什么；你可以看到在调用行为时那些被分派的对象的变化。这意味着 **create** 函数会生成一次带有对象的分派，而该对象包含传给 **actionType** 的 **TodoConstants.TODO_CREATE** 和 **TodoItem** 的文本。

清单 5-9　Todoactions.js

```
var AppDispatcher = require('../dispatcher/AppDispatcher');
var TodoConstants = require('../constants/TodoConstants');
```

```
var TodoActions = {

  /**
   * @param {string} text
```

```
  */
create: function(text) {
  AppDispatcher.dispatch({
    actionType: TodoConstants.TODO_CREATE,
    text: text
  });
},


/**
 * @param {string} id The ID of the TODO item
 * @param {string} text
 */

updateText: function(id, text) {
  AppDispatcher.dispatch({
    actionType: TodoConstants.TODO_UPDATE_TEXT,
    id: id,
    text: text
  });
},


/**
 * Toggle whether a single TODO is complete
 * @param {object} todo
 */

toggleComplete: function(todo) {
  var id = todo.id;
  var actionType = todo.complete ?
      TodoConstants.TODO_UNDO_COMPLETE :
```

```
      TodoConstants.TODO_COMPLETE;

  AppDispatcher.dispatch({
    actionType: actionType,
    id: id
  });
},

/**
 * Mark all TODOs as complete
 */
toggleCompleteAll: function() {
  AppDispatcher.dispatch({
    actionType: TodoConstants.TODO_TOGGLE_COMPLETE_ALL
  });
},

/**
 * @param {string} id
 */
destroy: function(id) {
  AppDispatcher.dispatch({
    actionType: TodoConstants.TODO_DESTROY,
    id: id
  });
},

/**
 * Delete all the completed TODOs
 */
```

```
destroyCompleted: function() {
  AppDispatcher.dispatch({
    actionType: TodoConstants.TODO_DESTROY_COMPLETED
  });
}


};


module.exports = TodoActions;
```

最后，在清单 5-10 中，你遇到了 **TodoStore.js** 文件，它是行为、分派器和视图之间的中间人。你会看到每个在该模块的函数中被处理的事件，也会在注册过的回调函数中调用。而这种注册是下面的例子所推荐的，会增强所有分派器和视图间的关联。每个函数所做的都会是更新 TODO 任务的值所需要的，之后 **TodoStore.emitChange()**会被调用。该方法会告诉 React 视图，是时候同步视图并更新相应的 DOM 了。

清单 5-10　TodoStore.js
```
var AppDispatcher = require('../dispatcher/AppDispatcher');

var EventEmitter = require('events').EventEmitter;

var TodoConstants = require('../constants/TodoConstants');

var assign = require('object-assign');


var CHANGE_EVENT = 'change';


var _todos = {};


/**
 * Create a TODO item.
```

```
 * @param {string} text The content of the TODO
 */
function create(text) {
  // Hand waving here -- not showing how this interacts with XHR or persistent
  // server-side storage.
  // Using the current timestamp + random number in place of a real id.
  var id = (+new Date() + Math.floor(Math.random() * 999999)).toString(36);
  _todos[id] = {
    id: id,
    complete: false,
    text: text
  };
}


/**
 * Update a TODO item.
 * @param {string} id
 * @param {object} updates An object literal containing only the data to be
 *     updated.
 */
function update(id, updates) {
  _todos[id] = assign({}, _todos[id], updates);
}


/**
 * Update all of the TODO items with the same object.
 *      the data to be updated. Used to mark all TODOs as completed.
 * @param {object} updates An object literal containing only the data to be
 *      updated.
```

```
    */

    function updateAll(updates) {
      for (var id in _todos) {
        update(id, updates);
      }
    }

    /**
     * Delete a TODO item.
     * @param {string} id
     */
    function destroy(id) {
      delete _todos[id];
    }

    /**
     * Delete all the completed TODO items.
     */
    function destroyCompleted() {
      for (var id in _todos) {
        if (_todos[id].complete) {
          destroy(id);
        }
      }
    }

    var TodoStore = assign({}, EventEmitter.prototype, {

      /**
```

```
 * Tests whether all the remaining TODO items are marked as completed.
 * @return {boolean}
 */
areAllComplete: function() {
  for (var id in _todos) {
    if (!_todos[id].complete) {
     return false;
    }
  }
  return true;
},


/**
 * Get the entire collection of TODOs.
 * @return {object}
 */
getAll: function() {
  return _todos;
},


emitChange: function() {
  this.emit(CHANGE_EVENT);
},


/**
 * @param {function} callback
 */
addChangeListener: function(callback) {
  this.on(CHANGE_EVENT, callback);
},
```

```
  /**
   * @param {function} callback
   */
  removeChangeListener: function(callback) {
    this.removeListener(CHANGE_EVENT, callback);
  }
});


// Register callback to handle all updates
AppDispatcher.register(function(action) {
  var text;

  switch(action.actionType) {
    case TodoConstants.TODO_CREATE:
      text = action.text.trim();
      if (text !== '') {
        create(text);
        TodoStore.emitChange();
      }
      break;

    case TodoConstants.TODO_TOGGLE_COMPLETE_ALL:
      if (TodoStore.areAllComplete()) {
        updateAll({complete: false});
      } else {
        updateAll({complete: true});
      }
      TodoStore.emitChange();
      break;
```

```
case TodoConstants.TODO_UNDO_COMPLETE:
  update(action.id, {complete: false});
  TodoStore.emitChange();
  break;

case TodoConstants.TODO_COMPLETE:
  update(action.id, {complete: true});
  TodoStore.emitChange();
  break;

case TodoConstants.TODO_UPDATE_TEXT:
  text = action.text.trim();
  if (text !== '') {
    update(action.id, {text: text});
    TodoStore.emitChange();
  }
  break;

case TodoConstants.TODO_DESTROY:
  destroy(action.id);
  TodoStore.emitChange();
  break;

case TodoConstants.TODO_DESTROY_COMPLETED:
  destroyCompleted();
  TodoStore.emitChange();
  break;

default:
```

```
        // no op
    }
});


module.exports = TodoStore;
```

5.3 小结

本章脱离纯 React 方式，开始向你展示 React 生态圈如何整体运作。首先介绍了 Flux 架构如何提供有意义且可用的机制，去构造 React 应用程序，以便其不仅可维护，还具有高扩展性，你看到了如何以单个路径制定数据流的路由，为你的 React 应用程序提供最好的类开发实践。然后你快速浏览了 Facebook 版的简单 TodoMVC 的 Flux 应用程序，它展示了你如何开始以 Flux 架构的方式构建你的 React 应用程序。

在下面的章节中，在本书的最后，我会仔细剖析以 React 和 Flux 建立的全功能聊天应用程序，以便你可以完全理解如何创建具有可维护性和可扩展性的复杂应用程序。

第 6 章

使用 Flux 构建 React 应用程序

上一章为你介绍了 Flux 项目。Flux 代表了 React 应用程序的高效应用程序架构。你学到了 Flux 如何使用分派器将行为发送到存储仓的基础知识，还有使用 React 组件把它渲染成 DOM。这一点通过看一下使用 Flux 架构构建的简易 TodoMVC 应用程序即可。在本章中，你会创建一个使用 Flux 架构构建的 React 应用程序，它比 TODO 应用程序更复杂。

6.1 构建你的应用程序

在你开始为即将构建的应用程序创建组件和 Flux 架构之前，你需要定义你要做的是什么。在本示例中，我们会展示在你使用 React 和 Flux 时单个指令中的数据流是怎样的。关于聊天应用程序有个很棒的例子。聊天应用程序可以有任意数量的变化，但在这种情况下，你想要的聊天应用程序将看起来像 Facebook 的聊天功能。有一个帖子列表用来显示与你联系的好友。消息窗口可以让你选择特定的帖子，查看那些帖子的历史记录，以及创建新的消息。该应用程序可能看着与图 6-1 中所示的原型类似。

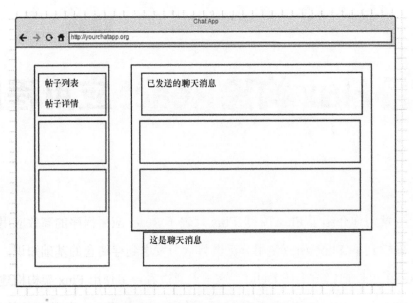

图 6-1　你的应用程序的线框图

　　看看这个线框图，你应该可以看出来这是你为应用程序创建 React 组件的地方。该应用程序整体会成为父组件。然后你就能创建消息组件了。

　　庞大的消息组件并不适合于你所惯用的 React 原子组件架构，所以你需要将消息分解为三个 React 组件。一个是创建消息，第二个是管理列表中的单个消息项，第三个是那些消息项的容器。

　　在线框图左边的消息帖上可以看到类似的设计。在这，你会有一个消息帖的容器，并且该容器的子代就是帖子。

6.2　创建应用程序的分派器、存储仓、行为以及 React 组件

　　现在你对准备创建的应用程序已大体上有了思路，你可以构建 React 应

用程序，并选择任意机制将数据载入到组件，使它们被渲染。该方法是可行的，且如你在上一章所见，Flux 为 React 提供了一种架构，使用它会使构建聊天应用程序更简单。所以现在你可以开始使用 Flux 的思维建立你的应用程序了。

6.2.1 分派器

如你前面所见，一开始，你需要创建的分派器只是 Flux 分派器模块的新实例，你可以在自己的应用程序中共享它（清单 6-1）。

清单 6-1 聊天应用程序的分派器

```
var Dispatcher = require('flux').Dispatcher;


module.exports = new Dispatcher();
```

6.2.2 存储仓

来回忆一下，存储仓在 Flux 中被看作是一种模型，你可以在典型的 MVC 框架中找到类似的，只是更大些，并不是特定元素的模块代理。存储仓是放置逻辑域中所有数据的地方。所以就聊天应用程序而言，你可以将所有消息囊括到单个存储仓中，如清单 6-2 所示。

清单 6-2 MessageStore 组件

```
var ChatAppDispatcher = require('../dispatcher/ChatAppDispatcher');
var ChatConstants = require('../constants/ChatConstants');
var ChatMessageUtils = require('../utils/ChatMessageUtils');
var EventEmitter = require('events').EventEmitter;
var ThreadStore = require('../stores/ThreadStore');
var assign = require('object-assign');
```

```javascript
var ActionTypes = ChatConstants.ActionTypes;

var CHANGE_EVENT = 'change';


var _messages = {};


function _addMessages(rawMessages) {
  rawMessages.forEach(function(message) {
    if (!_messages[message.id]) {
      _messages[message.id] = ChatMessageUtils.convertRawMessage(
        message,
        ThreadStore.getCurrentID()
      );
    }
  });
}


function _markAllInThreadRead(threadID) {
  for (var id in _messages) {
    if (_messages[id].threadID === threadID) {
      _messages[id].isRead = true;
    }
  }
}


var MessageStore = assign({}, EventEmitter.prototype, {

  emitChange: function() {
```

```
    this.emit(CHANGE_EVENT);
  },


  /**
   * @param {function} callback
   */
  addChangeListener: function(callback) {
    this.on(CHANGE_EVENT, callback);
  },


removeChangeListener: function(callback) {
  this.removeListener(CHANGE_EVENT, callback);
},


get: function(id) {
  return _messages[id];
},


getAll: function() {
  return _messages;
},


/**
 * @param {string} threadID
 */
getAllForThread: function(threadID) {
  var threadMessages = [];
  for (var id in _messages) {
```

```
          if (_messages[id].threadID === threadID) {
            threadMessages.push(_messages[id]);
          }
        }
        threadMessages.sort(function(a, b) {
          if (a.date < b.date) {
            return -1;
            } else if (a.date > b.date) {
              return 1;
            }
            return 0;
        });
        return threadMessages;
      },


    getAllForCurrentThread: function() {
      return this.getAllForThread(ThreadStore.getCurrentID());
    }


});


MessageStore.dispatchToken = ChatAppDispatcher.register(function(action) {

    switch(action.type) {

      case ActionTypes.CLICK_THREAD:
        ChatAppDispatcher.waitFor([ThreadStore.dispatchToken]);
        _markAllInThreadRead(ThreadStore.getCurrentID());
```

```
    MessageStore.emitChange();
    break;


  case ActionTypes.CREATE_MESSAGE:
    var message = ChatMessageUtils.getCreatedMessageData(
      action.text,
      action.currentThreadID
    );
    _messages[message.id] = message;
    MessageStore.emitChange();
    break;


  case ActionTypes.RECEIVE_RAW_MESSAGES:
    _addMessages(action.rawMessages);
    ChatAppDispatcher.waitFor([ThreadStore.dispatchToken]);
    _markAllInThreadRead(ThreadStore.getCurrentID());
    MessageStore.emitChange();
    break;


  default:
    // do nothing
  }


});


module.exports = MessageStore;
```

　　MessageStore 表示你在你的应用程序中要获取或创建的消息的所有数据。存储仓必须做的第一件事是为分派器注册回调函数，使用 ChatAppDispatcher.

register()。该回调函数是将数据输入到存储仓的唯一方法。你会看到回调函数含有一个很大的 switch 语句，它在这里是根据发送到回调函数的不同行为类型来控制的。一旦 switch 中遇到适当的 case，存储仓就可以对行为做一些事，发送给 emitChange()，然后它会与视图相连，接着就可以在视图中从存储仓获取新数据。

值得注意的是存储仓不包含任何设置数据的公共方法，也就是说通过获取器可以访问任何东西。这意味着你并非一定要操心数据从应用程序的其他部分泄漏到你的存储仓中。这为你的数据产生了字面量的储藏箱。它将能顾及到你的消息，并通过分派器回调函数更新它们，然后把变化通知你。在 MessageStore 中可以看到，actionType 是 ActionTypes.RECEIVE_RAW_MESSAGES。只要它被接收到，MessageStore 将会通过其函数 private_addMessage 添加消息，并将帖子标记为已读，最后通过 EventEmitter 发送其变化。

现在你有了 MessageStore，你需要控制聊天应用程序中对你可用的帖子。这是 ThreadStore 所做的（清单 6-3）。

清单 6-3　ThreadStore 组件

```
var ChatAppDispatcher = require('../dispatcher/ChatAppDispatcher');

var ChatConstants = require('../constants/ChatConstants');

var ChatMessageUtils = require('../utils/ChatMessageUtils');

var EventEmitter = require('events').EventEmitter;

var assign = require('object-assign');


var ActionTypes = ChatConstants.ActionTypes;

var CHANGE_EVENT = 'change';


var _currentID = null;
```

```
var _threads = {};

var ThreadStore = assign({}, EventEmitter.prototype, {

init: function(rawMessages) {
  rawMessages.forEach(function(message) {
    var threadID = message.threadID;
    var thread = _threads[threadID];

    if (!(thread && thread.lastTimestamp > message.timestamp)) {
      _threads[threadID] = {
        id: threadID,
        name: message.threadName,
        lastMessage: ChatMessageUtils.convertRawMessage(message, _currentID)
      };
    }
  }, this);

  if (!_currentID) {
    var allChrono = this.getAllChrono();
    _currentID = allChrono[allChrono.length - 1].id;
  }
  _threads[_currentID].lastMessage.isRead = true;
},
  emitChange: function() {
    this.emit(CHANGE_EVENT);
  },
```

```
/**
 * @param {function} callback
 */
addChangeListener: function(callback) {
  this.on(CHANGE_EVENT, callback);
},


/**
 * @param {function} callback
 */
removeChangeListener: function(callback) {
  this.removeListener(CHANGE_EVENT, callback);
},


/**
 * @param {string} id
 */
get: function(id) {
  return _threads[id];
},


getAll: function() {
  return _threads;
},


getAllChrono: function() {
```

```
var orderedThreads = [];
for (var id in _threads) {
  var thread = _threads[id];
  orderedThreads.push(thread);
}
orderedThreads.sort(function(a, b) {
  if (a.lastMessage.date < b.lastMessage.date) {
    return -1;
  } else if (a.lastMessage.date > b.lastMessage.date) {
    return 1;
  }
    return 0;
  });
  return orderedThreads;
},


getCurrentID: function() {
  return _currentID;
},


getCurrent: function() {
  return this.get(this.getCurrentID());
}


});


ThreadStore.dispatchToken = ChatAppDispatcher.register(function(action) {
```

```
    switch(action.type) {

      case ActionTypes.CLICK_THREAD:
        _currentID = action.threadID;
        _threads[_currentID].lastMessage.isRead = true;
        ThreadStore.emitChange();
        break;

      case ActionTypes.RECEIVE_RAW_MESSAGES:
        ThreadStore.init(action.rawMessages);
        ThreadStore.emitChange();
        break;

      default:
        // do nothing
    }

});


module.exports = ThreadStore;
```

ThreadStore 就像 MessageStore，只有公共的获取方法，而没有设置方法。ThreadStore 注册分派器的回调函数，其中的 switch 语句会控制存储仓如何应对分派器发送的行为。该 switch 语句响应通过分派器发送的特定 ActionTypes，然后发出 emitChange()事件。

相对于 ThreedStore 还有 UnreadThreadStore（清单 6-4）。该存储仓会在 ThreadStore 组件中引用，并绑上_onChange 事件。这样组件可以在帖子被标记为未读时更新状态。

清单 6-4 UnreadThreadStore 组件

```
var ChatAppDispatcher = require('../dispatcher/ChatAppDispatcher');
var ChatConstants = require('../constants/ChatConstants');
var EventEmitter = require('events').EventEmitter;
var MessageStore = require('../stores/MessageStore');
var ThreadStore = require('../stores/ThreadStore');
var assign = require('object-assign');

var ActionTypes = ChatConstants.ActionTypes;
var CHANGE_EVENT = 'change';

var UnreadThreadStore = assign({}, EventEmitter.prototype, {

  emitChange: function() {
    this.emit(CHANGE_EVENT);
  },

  /**
   * @param {function} callback
   */
  addChangeListener: function(callback) {
    this.on(CHANGE_EVENT, callback);
  },

  /**
   * @param {function} callback
   */
  removeChangeListener: function(callback) {
```

```
      this.removeListener(CHANGE_EVENT, callback);
  },

  getCount: function() {
    var threads = ThreadStore.getAll();
    var unreadCount = 0;
    for (var id in threads) {
      if (!threads[id].lastMessage.isRead) {
        unreadCount++;
      }
    }
    return unreadCount;
  }

});


UnreadThreadStore.dispatchToken = ChatAppDispatcher.register(function(action) {
  ChatAppDispatcher.waitFor([
    ThreadStore.dispatchToken,
    MessageStore.dispatchToken
  ]);

  switch (action.type) {

    case ActionTypes.CLICK_THREAD:
      UnreadThreadStore.emitChange();
      break;
```

```
    case ActionTypes.RECEIVE_RAW_MESSAGES:
      UnreadThreadStore.emitChange();
      break;

    default:
      // do nothing
  }
});


module.exports = UnreadThreadStore;
```

这就是关于存储仓的内容。它们以对象字面量的形式注册回调函数，然后触发事件从分派器得到数据。下面你将学习行为，或者说是行为创建器，它将在你的 React 视图中调用。

6.2.3　行为

行为驱动聊天应用程序的单向数据流。没有行为，视图将无法接收来自存储仓的更新，因为没有东西会传入分派器去调用存储仓的回调函数。本例中的行为是以行为创建器的形式存在。这些创建器可以从 React 的视图中创建行为，还可以从服务器的 WebAPI 中获取消息。在清单 6-5 中，你将不需要创建服务器为聊天请求服务，但下面的代码片段突出了你可以如何创建 **ServerAction**。它暴露了一些方法将会从你的服务器获取或者寻回数据，然后通过`.dispatch()`方法将数据分派到 Flux 应用程序中。

清单 6-5　ServerActionCreator 可以从 API 中接收消息，并分派到剩余的 Flux 应用程序中

```
var ChatAppDispatcher = require('../dispatcher/ChatAppDispatcher');
```

```
var ChatConstants = require('../constants/ChatConstants');

var ActionTypes = ChatConstants.ActionTypes;

module.exports = {

  receiveAll: function(rawMessages) {
    ChatAppDispatcher.dispatch({
      type: ActionTypes.RECEIVE_RAW_MESSAGES,
      rawMessages: rawMessages
    });
  },

  receiveCreatedMessage: function(createdMessage) {
    ChatAppDispatcher.dispatch({
      type: ActionTypes.RECEIVE_RAW_CREATED_MESSAGE,
      rawMessage: createdMessage
    });
  }

};
```

　　行为创建器的另一个作用是它们可以作为将信息从视图传给服务器和分派器的工具。这恰好就是在 Flux 示例中（清单 6-6）**MessageAction** 所发生的。你将会在下一节中看到 **MessageComposer** 组件，它调用 **MessageAction** 创建消息。这将第一次发送消息数据到分派器，并调用应用程序中所拥有的 **API** 工具去更新服务器上的数据，如清单 6-6 所示。

清单 6-6 MessageActionCreator 会通过分派器分派消息数据，并通过 API 方法更新服务器

```
var ChatAppDispatcher = require('../dispatcher/ChatAppDispatcher');

var ChatConstants = require('../constants/ChatConstants');

var ChatWebAPIUtils = require('../utils/ChatWebAPIUtils');

var ChatMessageUtils = require('../utils/ChatMessageUtils');


var ActionTypes = ChatConstants.ActionTypes;


module.exports = {


    createMessage: function(text, currentThreadID) {
      ChatAppDispatcher.dispatch({
        type: ActionTypes.CREATE_MESSAGE,
        text: text,
        currentThreadID: currentThreadID
      });
      var message = ChatMessageUtils.getCreatedMessageData(text,
      currentThreadID);
      ChatWebAPIUtils.createMessage(message);
    }


};
```

在你的聊天应用程序中，仅存的行为说明了单击帖子时所发生的事情。该行为被 **ThreadActionCreator** 处理，如清单 6-7 中所示。

清单 6-7 ThreadActionCreator 验证在应用程序中被单击的帖子的 ID

```
var ChatAppDispatcher = require('../dispatcher/ChatAppDispatcher');

var ChatConstants = require('../constants/ChatConstants');
```

167

```
var ActionTypes = ChatConstants.ActionTypes;


module.exports = {


  clickThread: function(threadID) {
    ChatAppDispatcher.dispatch({
      type: ActionTypes.CLICK_THREAD,
      threadID: threadID
    });
  }


};
```

6.2.4　React 组件

React 组件与你在本书前面所见的不同。无论如何，这牵扯到利用领域性更强的状态来说明聊天应用程序及其 Flux 架构。让我们开始创建 ThreadSection 组件。为此，你会需要创建 ThreadListItem（清单 6-8），它会在 ThreadSection 的 render() 处理的过程中被添加。ThreadListItem 还为 ThreadClick 调用 ThreadAction 将事件发送给分派器。

清单 6-8　ThreadListItem：注意为 clickThread 把_onClick 绑定到 ThreadAction 上

```
var ChatThreadActionCreators = require('../actions/
ChatThreadActionCreators');
var React = require('react');
// Note: cx will be obsolete soon so you can use
// https://github.com/JedWatson/classnames as a replacement
```

168

```
var cx = require('react/lib/cx');


var ReactPropTypes = React.PropTypes;


var ThreadListItem = React.createClass({

  propTypes: {

    thread: ReactPropTypes.object,

    currentThreadID: ReactPropTypes.string

  },


  render: function() {

    var thread = this.props.thread;

    var lastMessage = thread.lastMessage;

    return (

      <li

        className={cx({

          'thread-list-item': true,

          'active': thread.id === this.props.currentThreadID

        })}

        onClick={this._onClick}>

        <h5 className="thread-name">{thread.name}</h5>

        <div className="thread-time">

          {lastMessage.date.toLocaleTimeString()}

        </div>

        <div className="thread-last-message">

          {lastMessage.text}

        </div>
```

169

```
        </li>
    );
  },


  _onClick: function() {
    ChatThreadActionCreators.clickThread(this.props.thread.id);
  }


});


module.exports = ThreadListItem;
```

注意：不赞成使用 cx 组件，但在 https://github.com/JedWatson/
classnames 上可以找到关于 class 操作的一个卓越实现。如果你选择使用这种
class 操作，还可以在 http://reactcss.com 找到解决方案。

现在你有了 **ThreadListItems**，你可以把这些都集中到 **ThreadSection** 中，
如清单 6-9 所示。在组件生命周期中事件被 **getInitialState** 调用的时候
ThreadSection 从 **ThreadStore** 和 **UnreadThreadStore** 中获取帖子。然后这
会设置状态，以控制多个 **ThreadListItems** 如何在渲染函数中被创建。

清单 6-9　ThreadSection 组件

```
var React = require('react');
var MessageStore = require('../stores/MessageStore');
var ThreadListItem = require('../components/ThreadListItem.react');
var ThreadStore = require('../stores/ThreadStore');
var UnreadThreadStore = require('../stores/UnreadThreadStore');
```

```
function getStateFromStores() {
  return {
    threads: ThreadStore.getAllChrono(),
    currentThreadID: ThreadStore.getCurrentID(),
    unreadCount: UnreadThreadStore.getCount()
  };
}


var ThreadSection = React.createClass({

  getInitialState: function() {
    return getStateFromStores();
  },


  componentDidMount: function() {
    ThreadStore.addChangeListener(this._onChange);
    UnreadThreadStore.addChangeListener(this._onChange);
  },


  componentWillUnmount: function() {
    ThreadStore.removeChangeListener(this._onChange);
    UnreadThreadStore.removeChangeListener(this._onChange);
  },


  render: function() {
    var threadListItems = this.state.threads.map(function(thread) {
      return (
        <ThreadListItem
```

```
          key={thread.id}
          thread={thread}
          currentThreadID={this.state.currentThreadID}
        />
      );
    }, this);
    var unread =
      this.state.unreadCount === 0 ?
      null :
      <span>Unread threads: {this.state.unreadCount}</span>;

    return (
      <div className="thread-section">
        <div className="thread-count">
          {unread}
        </div>
        <ul className="thread-list">
          {threadListItems}
        </ul>
      </div>
    );
  },

  /**
   * Event handler for 'change' events coming from the stores
   */
  _onChange: function() {
    this.setState(getStateFromStores());
```

```
    }

});
```

```
module.exports = ThreadSection;
```

现在你用了 React 和 Flux 创建应用程序中的帖子部分。**MessageSection** 是下一个，它需要你创建 **MessageListItem** 组件还有 **MessageComposer** 组件，如清单 6-10 所示。

清单 6-10　MessageComposer：绑定到文本输入框并将文本发送到 MessageActionCreators

```
var ChatMessageActionCreators = require('../actions/
ChatMessageActionCreators');
var React = require('react');

var ENTER_KEY_CODE = 13;

var MessageComposer = React.createClass({

  propTypes: {
    threadID: React.PropTypes.string.isRequired
  },

  getInitialState: function() {
    return {text: ''};
  },

 render: function() {
   return (
```

```
      <textarea
        className="message-composer"
        name="message"
        value={this.state.text}
        onChange={this._onChange}
        onKeyDown={this._onKeyDown}
      />
    );
  },


  _onChange: function(event, value) {
    this.setState({text: event.target.value});
  },


  _onKeyDown: function(event) {
    if (event.keyCode === ENTER_KEY_CODE) {
      event.preventDefault();
      var text = this.state.text.trim();
      if (text) {
        ChatMessageActionCreators.createMessage(text, this.props.threadID);
      }
      this.setState({text: ''});
    }
  }


});


module.exports = MessageComposer;
```

MessageComposer 组件是个文本输入框，它会绑定其 change 事件到 state.text 上，还有 keydown 事件。keydown 事件将监听键盘中的 Enter 键。如果它被按下，MessageComposer 会调用 ChatMessageActionCreators.createMessage()函数以创建发送给 API 服务器和分派器的行为。

MessageListItems（清单 6-11）只是个 HTML 列表项，它包括从 MessageSection 传入其中的消息数据。

清单 6-11 MessageListItems 包含数据详情

```
var React = require('react');


var ReactPropTypes = React.PropTypes;


var MessageListItem = React.createClass({

  propTypes: {
    message: ReactPropTypes.object
  },


  render: function() {
    var message = this.props.message;
    return (
      <li className="message-list-item">
        <h5 className="message-author-name">{message.authorName}</h5>
        <div className="message-time">
          {message.date.toLocaleTmeString()}
        </div>

        <div className="message-text">{message.text}</div>
```

```
    </li>
  );
 }


});
```

```
module.exports = MessageListItem;
```

清单 6-12 中的 **MessageSection** 先通过 React 生命周期中的 **getInitialState** 获取来自存储仓的状态。它获取当前的帖子并获取其消息。一旦组件在 **componentDidMount** 中装好，**MessageStore** 和 **ThreadStore** 二者都会绑定 **_onChange** 事件的监听器。该 change 事件 **this.setState(getStateFrom Stores());** 会被再次调用，就好像初始状态被设置一样。这是来自 React 和 Flux 的精髓。每个来自存储仓状态获取的渲染函数中都是单向数据流，且只有一个方法更新存储仓。MessageSection 还集成了添加到状态对象的消息，并为每个消息创建新的 MessageListItems。

清单 6-12　MessageSection 组件

```
var MessageComposer = require('./MessageComposer.react');

var MessageListItem = require('./MessageListItem.react');

var MessageStore = require('../stores/MessageStore');

var React = require('react');

var ThreadStore = require('../stores/ThreadStore');


function getStateFromStores() {
  return {
    messages: MessageStore.getAllForCurrentThread(),
    thread: ThreadStore.getCurrent()
```

```
  };
}


function getMessageListItem(message) {
  return (
    <MessageListItem
      key={message.id}
      message={message}
    />
  );
}


var MessageSection = React.createClass({

  getInitialState: function() {
    return getStateFromStores();
  },


componentDidMount: function() {
  this._scrollToBottom();
  MessageStore.addChangeListener(this._onChange);
  ThreadStore.addChangeListener(this._onChange);
},


componentWillUnmount: function() {
  MessageStore.removeChangeListener(this._onChange);
  ThreadStore.removeChangeListener(this._onChange);
},
```

```
render: function() {
  var messageListItems = this.state.messages.map(getMessageListItem);
  return (
    <div className="message-section">
      <h3 className="message-thread-heading">{this.state.thread.name}</h3>
      <ul className="message-list" ref="messageList">
        {messageListItems}
      </ul>
      <MessageComposer threadID={this.state.thread.id}/>
    </div>
  );
},


componentDidUpdate: function() {
  this._scrollToBottom();
},


_scrollToBottom: function() {
  var ul = this.refs.messageList.getDOMNode();
  ul.scrollTop = ul.scrollHeight;
},


/**
 * Event handler for 'change' events coming from the MessageStore
 */
_onChange: function() {
  this.setState(getStateFromStores());
```

```
        }

});
```

```
module.exports = MessageSection;
```

现在你完成了应用程序的 **MessageSection** 和 **ThreadSection**。只剩下把它们归拢到清单 6-13 所示的 **ChatApp** 组件中。

清单 6-13　ChatApp 组件

```
var MessageSection = require('./MessageSection.react');

var React = require('react');

var ThreadSection = require('./ThreadSection.react');


var ChatApp = React.createClass({

  render: function() {
    return (
      <div className="chatapp">
        <ThreadSection />
        <MessageSection />
      </div>
    );
  }

});


module.exports = ChatApp;
```

6.3　编写测试

如你在本书前面所见，Jest 是个用于编写测试的工具。清单 6-14 是你可以用的简单测试范例。该测试是为 UnreadThreadStore 所写，它能将未读的帖子保持在适当的数量上。它还能确保回调函数在分派器上被注册。

清单 6-14　UnreadThreadCount 测试

```
jest.dontMock('../UnreadThreadStore');
jest.dontMock('object-assign');

describe('UnreadThreadStore', function() {

    var ChatAppDispatcher;
    var UnreadThreadStore;
    var callback;

    beforeEach(function() {
      ChatAppDispatcher = require('../../dispatcher/ChatAppDispatcher');
      UnreadThreadStore = require('../UnreadThreadStore');
      callback = ChatAppDispatcher.register.mock.calls[0][0];
    });

    it('registers a callback with the dispatcher', function() {
      expect(ChatAppDispatcher.register.mock.calls.length).toBe(1);
```

```
  });


  it('provides the unread thread count', function() {
    var ThreadStore = require('../ThreadStore');
    ThreadStore.getAll.mockReturnValueOnce(
      {
        foo: {lastMessage: {isRead: false}},
        bar: {lastMessage: {isRead: false}},
        baz: {lastMessage: {isRead: true}}
      }
    );
    expect(UnreadThreadStore.getCount()).toBe(2);
  });


});
```

6.4 运行应用程序

你可以用在 https://github.com/cgack/flux/tree/master/examples/
flux-chat 找到的库的根目录运行该应用程序。一旦你克隆该项目，或者从根上
叉（fork）来[1]，你可以在 flux-chat 目录中运行 npm install。这将下载所有
需要的依赖。然后，运行 npm test 可以很容易地执行测试。

---

[1] Github 上的 fork 按钮。

181

最后运行应用程序，使用 `npm start` 命令。这样做将开启监听器并将所有 `app.js` 的引导代码转化为 `bundle.js` 文件。然后你只需要在你的浏览器中导航到 `index.html` 文件，查看正在运行的聊天应用程序。

6.5　小结

在本章中，你看到了关于 React 和 Flux 如何协作的精心设计的例子。该示例显示了更多 React 组件和状态的使用，并图解了单向数据流。该示例是用或不用 Flux 构建属于你自己的 React 组件和应用程序的伟大开端。

本书从为你介绍 React 出发，让你习惯以 React 组件的视角看待 Web 开发。我希望你可以喜欢本书，并且受益于此。